追寻 18 世纪探险家的足迹

〔法〕多米尼克·兰尼 著

〔法〕克利斯提昂·艾利施 绘

陈晓萌 译

U0203101

人民文学出版社

PEOPLE'S LITERATURE PUBLISHING HOUSE

著作权合同登记：图字 01-2020-2196 号

Author: Dominique Lanni, Illustrator: Christian Heinrich

Sur les traces des explorateurs du XVIIIe siècle

© Gallimard Jeunesse, Paris, 2007

图书在版编目（CIP）数据

追寻 18 世纪探险家的足迹 / （法）多米尼克·兰尼著；
（法）克利斯提昂·艾利施绘；陈晓萌译. -- 北京：人
民文学出版社，2024. --（历史的足迹）. -- ISBN 978-
7-02-018863-5

Ⅰ. N81-49

中国国家版本馆 CIP 数据核字第 202421UV57 号

责任编辑　卜艳冰　杨　芹
封面设计　汪佳诗

出版发行　人民文学出版社
社　　址　北京市朝内大街 166 号
邮政编码　100705

印　　制　安徽新华印刷股份有限公司
经　　销　全国新华书店等

字　　数　63 千字
开　　本　889 毫米 ×1194 毫米　1/32
印　　张　4
版　　次　2024 年 8 月北京第 1 版
印　　次　2024 年 8 月第 1 次印刷

书　　号　978-7-02-018863-5
定　　价　49.00 元

如有印装质量问题，请与本社图书销售中心调换。电话：010-65233595

献给朱斯蒂娜，她一页一页地重读这本书，陪伴我走过这些旅程，也将陪伴我完成未来的旅程……

目　录

西伯利亚

非洲

澳大利亚

探险者的路线

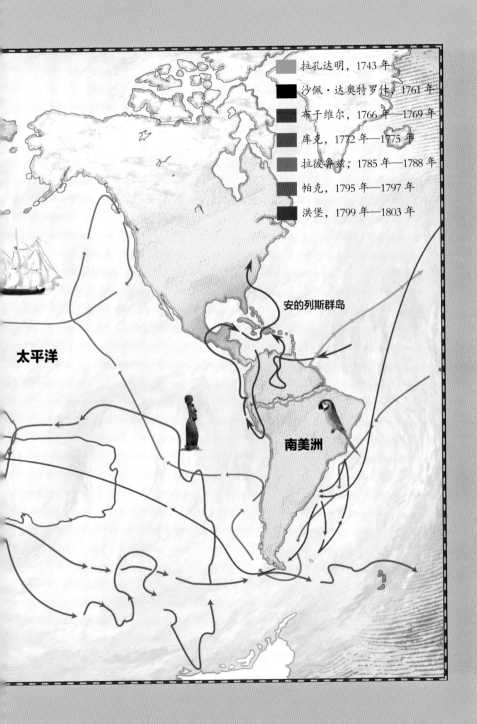

拉孔达明，1743 年

沙佩·达奥特罗什，1761 年

布于维尔，1766 年—1769 年

库克，1772 年—1775 年

拉彼鲁兹；1785 年—1788 年

帕克，1795 年—1797 年

洪堡，1799 年—1803 年

安的列斯群岛

太平洋

南美洲

前往群岛

安的列斯群岛，1693 年—1694 年，**让－巴蒂斯特·拉巴特**

　　安的列斯群岛是位于美洲的法属群岛。生活在那里的大部分传教士因传染病丧生了，于是**修道院院长**向法国写信求助，想找一些心地善良的人来修道院加入他们。院长寄出的众多信件中有一封落到了我的手上。我那时候三十岁，在巴黎和**外省**都待过些年头，因此轻而易举就获得出行批准了。

　　临行前，一位修道院院长祝福我说道："拉巴特神父，上帝保佑，你的虔诚会助你将福音传播给所有不幸的人，传播给那些仍生活在迷信的黑暗中的人。"

　　于是，我带着数学工具、书籍和旧衣物于 1693 年 8 月 5 日离开巴黎，24日抵达拉罗谢尔。在那里，我与八个传教士会合，并停留了几个星期，等待一

让－巴蒂斯特·拉巴特：多米尼加神父，17 世纪在安的列斯群岛生活过十年。

修道院院长：管理修道院的宗教人士。

外省：法国人习惯将巴黎以外的法国地区统称为外省。

切准备就绪。9月10日，我们得到通知马上可以登船。但由于天气突变，暴雨来袭，实际上我们直到25日才正式离开拉罗谢尔。

在整个旅程中，我从未感到过无聊。白天，我忙着祷告、读书、做弥撒、在**艉楼**上散步、给水手们教授几何和**教理**课程。**越线**之后，水手们按照惯例举办了一个欢乐的庆祝仪式。1月28日，就在快抵达马提尼克岛前，我们发现有一艘英国船只尾随我们，想要靠近并截获我们的货物。战斗一触即发。当船长下令战斗时，对方船只意识到自己没有优势，就灰溜溜地逃回黑暗浓重的海域里了。真是可悲极了，他们的出现与消失都很懦弱！

艉楼：船只上层甲板上的建筑。
教理：宗教的教义。
越线：船只穿过赤道。

船长德·拉·埃罗尼埃先生望着我们对面的岛屿说："这就是马提尼克岛啦，希望你们会喜欢这座岛！"

我也希望如此。随着时间的推移，我们渐渐靠近陆地，我好奇地望着这座岛屿：这岛就是一座陡峭的山峰，四周悬崖被大海环绕，山上覆盖着郁郁葱葱的植被，其间散布着几座房屋、糖厂和著名的圣皮埃尔镇。马提尼克岛，这将是我此后实现使命的地方。

我们已在海上航行了几个月，时间不知不觉来到了1694年1月29日。我一踏上陆地就赶去教堂感谢上帝。岛上修道院的特别院长卡巴松神父接待了我，他准备了一顿丰盛的饭菜，之后我遇到了指挥官梅茨吉姆先生、群岛政府的副首领吉托先生和马提尼克的特别总督加巴雷先生。我还遇到了一些**耶稣会士**，他们亲切地接待了我，带我参观他们的花园和小教堂。我们还在一位最年长、在岛上住的年头最久的居民家里喝了他女儿用薄皮柠檬和中国橘子做成的柠檬汁。一路上，我们遇到了一些黑人，他们身上只穿着布制的短衬裤，有的戴着破旧的无檐帽子。

看到许多黑人背上有很多鞭痕，我惊讶极了，问道："为什么他们被抽了这么多下？"

有人回答道："没事，不久后你就注意不到这些了。"

我所看到的圣皮埃尔镇是一个规模较大、分为三个区的村庄。村里除了耶稣会士居住的木屋以外，还有两座砖石结构的**制糖厂**。镇上的两个教区里，有两千四百多名**领圣体者**以及不少黑人和儿童。圣皮埃尔镇周围是一片布满山丘

耶稣会士：依纳爵·罗耀拉创立的宗教团体耶稣会的成员。

制糖厂：提炼精制糖的地方。

领圣体者：领取圣体的人，这里指虔诚的信徒。

的原野，一旦下雨，土壤就会变得油腻、湿红，非常滑。就在我准备开始传教的时候，我听说有一些黑人奴隶设法从主人的掌控中逃脱了。

有人这样对我说：“他们在岛上以食水果和动物为生。人们叫他们**逃亡者**。抓到他们的人将会获得五百**磅**糖的奖励。”

2 月 13 日，修会会长接见了我。

“我把马库巴教区的居民委托给你，”他告诉我，“这个地方在圣雅克以西四**法里**。罗伯特会陪你去的。”

于是我就这样结识了罗伯特·波波，这位**克里奥尔人**非常了解这座岛，他还会说法语。我们午饭后就上路了。

逃亡者：为了自由生活而逃亡的奴隶。

磅：1 磅大概 500 克。

法里：法国长度的旧制计量单位，1 法里约等于今天的 4 公里。

克里奥尔人：安的列斯群岛的白种人后裔。

穿过卡波特河后，我们进入了稀树草原，再穿过巴斯潘特教区，于日落时到达了马库巴教区。一位年轻的黑人女性最先看到了我们，她跑去敲钟，提醒全村人我们的到来。之前负责这个教区的布雷顿神父热情地接待了我们。

“您是新神父吗？欢迎！您会喜欢上这里的！嗨！来吧！大家都过来！这位是新来的神父！”

几个村民过来向我问好，还主动提出要接待我，让

我从他们家里取一些我所需要的东西。在接下来的日子里，他们一直很热情地待我。我对将在马库巴教区度过的日子满怀赞美与感恩之情。

3月1日，为了登上王室堡垒、顺利抵达圣皮埃尔堡垒，天没亮我就出发了。尽管两地陆地距离只有七法里，但是这条路很不好走，因此最好走海路。第二天凌晨两点钟，我登上了路易·加勒尔的独木舟，他是一个拥有人身自由的黑人，靠划摆渡船为生，每人收一埃居或者六埃居包船。横渡的过程一般需要三个小时。大约在六点半的时候，我在王室堡垒下船，直接去了要塞，工程师凯吕斯先生带我参观了那里。

他告诉我："要是有人听我的意见，那么今天这个地方将是坚不可摧的。但人们从来不听最谨慎的人的话。"

他向我展示了堡垒存在的巨大缺陷，我必须承认他说的是对的。群岛的管理者布雷纳科先生之后加入我们，还询问了我的意见

"那么，拉巴特神父，您觉得我们的据点怎么样？能抵挡住海盗或者英国人的袭击吗？"

"唉，我不确定。"我当时回答道。

我根据凯吕斯所展示的据点缺陷向他解释了为什么他完全有理由担心遭到袭击。布雷纳科先生似乎很欣赏我的坦率。他陪了我一整天。我们一起吃了晚饭，聊了一会儿天，直到有人提醒我是时候离开了。上船后，尽管夜幕降临，我还是可以瞧见名叫黑人角的岬角上有一座制糖厂，那是罗伊先生的产业。后来，他们带我参观

卡斯·皮罗特：村镇名。　了村落和**卡斯·皮罗特**的教堂。晚上八点钟，我们回到了穆雅日修道院。

在我的教区只有五个人种甘蔗。其他所有人都种植红木、木蓝属植物和可可树。红木所产的胭脂是一种红色染料，用于在白色织布上染第一层颜色，后续可

以染成红色、蓝色、黄色、绿色或其他颜色……美洲随处可见红木，这种树上会结出白色的种子，种子外层被红色的薄膜所覆盖，胭脂红就是从这层薄膜中提取出来的。尽管木蓝属植物的产量已不如从前，但仍有人在种植。人们用盐、靛蓝植物的叶子和树皮为原料来萃取靛蓝染料，用于将羊毛、布料和其他织物染成蓝色。

3月17日，我应米歇尔先生的邀请在马库巴教区的海湾参加了一场大型钓鱼活动，我还看到人们撒下捕海龟的大眼渔网。在美洲，海龟可能有三**法尺**半到四法尺长、两法尺半宽，

法尺：法国长度旧制单位，1法尺约等于32厘米。

重三百磅！我曾经和另一个人一起坐在海龟的背上，它载着我们毫不费力，还爬得很快呢。

这次我们捕获了许多鱼，其中最好的有马鲅、刺尾鱼、颌针鱼、无鳞鱼和翻车鱼……

"我相信你会喜欢我们做的鱼。"我的东道主说。

没错，那天晚上的鱼宴毫无疑问是我吃过的最鲜美的。盛宴结束后，我们躺在沙滩上，头上一片美丽的星空，我们在火堆旁边就这样睡着了。

早上我们收回了网住好多只海龟的渔网，其中还

有几只绿海龟。他们向我保证，绿海龟是唯一一种肉质非常鲜美的品种，他们会给我展示如何用当地的方法进行烹饪。

在那儿仅仅几周，我已经学到了很多关于安的列斯群岛的知识。但我远没有猜到自己将会在这里停留十年之久……

1492 年哥伦布发现新世界

自新大陆被发现以来，安的列斯群岛就引起了很多人的觊觎。欧洲国家满心想着掠夺这里的财富。为此，他们先派出印第安奴隶，后来又将数量越来越多的非洲奴隶运来岛上劳作。

奴隶

他们被装进容量最大的特制船只里，从非洲海岸运往安的列斯群岛。从 16 世纪到 19 世纪末，欧洲人押送了一千一百万名黑人。

这里的奴隶看起来与他们的主人完美和谐地生活在一起（但这个场景是理想化的。实际上，奴隶会因为微小的过错受到最严厉的惩罚。）

加勒比人

加勒比印第安人

他们是克里斯托弗·哥伦布在 15 世纪晚期遇到的当地人的后裔。这些图画强调了他们的友善和健美，也因此成了 18 世纪下半叶取得巨大成功的"善良的原住民"这一时兴认知的起源。

1. 准备靛蓝染料　2. 野生动植物　3. 种植园　4. 制糖厂

种植园

要将甘蔗加工成糖需要大量劳动力、合适的作坊和大量的资金投入。为了缩减高昂成本，种植者使用最廉价的劳动力：奴隶。

"马提尼克岛，这将是我此后实现使命的地方。"

欧洲人之间的竞争

为了保卫财产并防备欧洲竞争对手的攻击，英国人、法国人、荷兰人和西班牙人在各自领地的山顶建立了堡垒，朝着大海的方向支起武器大炮。

位于圣基茨硫磺山要塞的堡垒（是英国人于18世纪为阻挡法国人而建造的。）

亚马孙河

亚马孙盆地，1743 年，**夏勒·玛西·德·拉孔达明**

　　佩德罗·马尔多纳多是我的探险家朋友，他对我说："德·拉孔达明先生，在去**帕斯塔萨河**之前，我会在拉古纳等你。"

　　当我沿着通往当地人称马拉尼翁河（也就是亚马孙河）的道路走下去时，我向他挥挥手回复他的问候。

　　在首次踏上南美大陆的八年后，我开始了一次新的冒险。一场争论把我带到了这里！

　　牛顿认为地球的两极是扁平的，**卡西尼家族**则提出反对意见，认为地球两极是凸起的。两种说法都有支持者。为了验证哪种观点才是正确的，巴黎科学院决定派出两支探险队进行测量：一支在北半球的拉普兰，由**莫佩尔蒂**带领；

夏勒·玛西·德·拉孔达明： 18 世纪的法国旅行家和博物学家。

帕斯塔萨河： 流入秘鲁马拉尼翁的河流。

牛顿： 17 世纪至 18 世纪英国数学家、物理学家和天文学家。

卡西尼家族： 法国 17 世纪至 18 世纪的天文学家族。

莫佩尔蒂： 18 世纪法国几何学家、哲学家。

另一支在南半球的基多地区，由数学家**路易·戈丹**领导。戈丹将我纳入了他的测量队。

我们于 1735 年 4 月离开拉罗谢尔。

我们顺风而行，很快就抵达**喀他赫纳**，与此同时，我们也开始了工作。尽管各种可怕的逆境没能让我们如愿以偿地执行任务，但我们还是确定了许多地方的**纬度**和**经度**，我们观察到了冬至与夏至，体验到了多种不同的气候，测量了声音传播速度的变化、地心引力和金属凝结温度。但是当我们在 1739 年到达**昆卡**时，我们得知莫佩尔蒂已经证实了牛顿的论点。这一消息的冲击，再加上我们的一位队员遭到暗杀，百姓对我们充满敌意，因为他们怀疑我们想要掠夺印加国王的宝藏，而这一指责一直持续到 1742 年。这一切都让我们的任务不得不终止。

迫于各种事情的压力，对我们而言，剩下的就只能是返回法国了。因为没什么急事，我决定在回法国之前先去喀他赫纳，去探索亚马孙盆地。从 16 世纪上半叶开始，欧洲旅行者就已经穿越过这个盆地了，其中，**弗里茨神父**甚至在 17

路易·戈丹： 18 世纪法国的数学家。

喀他赫纳： 今天的哥伦比亚市。

纬度： 地球上某一点到赤道面的夹角。

经度： 地球某一点在本初子午线以东或以西的夹角。

昆卡： 今天秘鲁的一个城市。

弗里茨神父： 17 世纪传教士兼地理学家，曾在亚马孙盆地度过了 37 年。

世纪就绘制了这里的地图，但尽管如此，该地区仍存在着大量未知。这就是我和马尔多纳多选择在这里考察的原因。我们分头前行，他沿着帕斯塔萨河走，而我则沿着亚马孙河前进，最终在拉古纳会合。

我带着弗里茨神父的地图副本，于1743年5月11日离开塔基，顺着亚马孙河探索盆地。在塔基和洛萨之间，我通过索桥越过了好几条河，好几次险些跌入其中。6月3日，在两名印度向导的陪同下，我去了附近的山区，在那里我采集了一些**金鸡纳苗**，连同土壤一起放到了标本箱里，希望这次出行以后，我就没必要去**国王花园**了。

哈恩和秘鲁的大多数城市一样，是个荒凉的村庄。为了到达那里，我不得不以横跨浅滩、过独木桥、搭乘木筏等方式穿过无数条河。我为了把自己的所有东西都运走，在离开雅恩后的第四天，不得已在楚顿加湍流上穿行了二十一次。当我以为自己已经搬完并走回住处时，我的骡子驮着我的货物跌进了水里。我所有的书和工具都湿了！歇了三天之后就到了7月4日，我和两名桨手登上了一艘小船，前面跟着一艘由许多印第安人护送的**皮筏**。我们

金鸡纳苗： 树皮有苦味，从中可以提取一种名叫奎宁的药物。

国王花园： 这个花园里曾经种满了旅行者们带回来的植物。

皮筏： 由两个皮质浮体组成的筏子。

沿着蜿蜒的河流前行了两天后上岸扎营了，这个地方离亚马孙河能通航的河段并不远。我们在那里待了三天，做了各种各样的观测：测量了河流的宽度和深度，计算了它的纬度。10 日，我们到达了圣地亚哥山脉，岸上居住着**希瓦罗族**印第安人；然后我们到达了迈纳斯省政府的首府博尔哈，那里聚集了来自马拉尼翁的所有**西班牙使团**。

希瓦罗族：世居亚马孙流域的南美印第安人。

西班牙使团：由西班牙教士领导的组织。

在那儿，我找到了瑞士传教士马格宁神父，他给了我一张该地区的地图，并描述了该地区居民的民族习俗。7 月 14 日，我和玛格宁神父一起出发去了拉古

纳，19日才到达，在那里我与马尔多纳多相会了，他如约到达并且在那里已等了我六个星期。

23日，我们离开拉古纳时乘了两艘小船，船长四十二至四十四**英尺**，宽三英尺。25日，任务被迫暂停，因为这项任务的部分组成人员是当地人，而他们的语言我完全无法理解。

马尔多纳多告诉我："他们说的是**亚美语**。"

我说："他们的语言真的太奇怪了。"我一个字都听不懂！

"他们的语言不仅难听懂，发音也

英尺：1英尺约等于0.3米。

亚美语：曾经在秘鲁使用的一种语言，今已消失。

同样难掌握。有些单词甚至有九个或十个音节，比如说数字三，在亚美语中是 poettarrarorincouroac！"

"Poetta……Poettama……Poettarra……"我结结巴巴地说，"你是怎么做到发出这么难的音的？"

"Poettarrarorincouroac！"他微笑着向我保证，"幸好，他们的数学没有更进一步，要想再往上数数，就得用葡萄牙语的单词了。"

马尔多纳多还告诉我，这些印第安人打猎时可以在距离猎物三十步以外用吹管吹射短飞镖，几乎很少射偏。

他补充道："飞镖的针尖有剧毒，可以在不到一分钟的时间内杀死一只动物。"

他递给我一支飞镖，但我没敢碰它！

27 日，我们暂停了在圣若阿基姆的任务。执行这个任务的队伍里有好几个印第安人，是奥马瓜族人，他们部族从前非常强大，后来为了逃离西班牙人而定居在马拉尼翁河岸。这些印第安人在 17 世纪后期改信了天主教。由于当地盛行一种被称为**坎贝瓦**的奇怪习俗，即将新生儿的脸挤压在两个木板之间，以使面孔扁平，好让脸颊看起来像圆月。但是我了解到更多的是，他们会将许多植物入

坎贝瓦：葡萄牙人所取的绰号，意为扁平的面部。

药。在湿热气候的滋养下，各种各样的植物都长得非常繁茂。即使是最勤勉的植物学家和多名制图员，也得花费数年时间才能完成这些植物的全面普查。最有名的是金鸡纳、吐根糖浆、苦楝、菝葜、可可和香草，但是有待探索的还有很多……每次只要我有机会碰到它们，我都会收集种子。

7月29日，我们带着船员乘船离开了圣若阿基姆。我们加快了速度，以便能及时到达纳波河口，赶上8月3日晚上看第一颗木星卫星的**复现**。尽管我遇到了各种各样的障碍，甚至还从一百五十法里以外的地方运来了一个十八英尺高的望远镜，但最终这些努力得到了回报，我实现了观测。8月1日，我们踏上了前往佩瓦斯的道路。这是西班牙在马拉尼翁河岸上的最后一个传教会聚点。据说在佩瓦斯附近生活着食人族和巨耳人。我有幸看到了这里的印第安人。我注意到了他们耳朵的变形——耳垂垂到了肩膀上。这可不是自然的产物，而是由一种祖传的行为所导致的。

复现：一颗星星被另外一颗星暂时遮住后的再次出现。

经过三天三夜的步行，我们回到了葡萄牙的第一个传教地圣保罗；又经过五天五夜的步行，我们回到了科

阿里。关于亚马孙女战士或"没有丈夫的女人"的传说，我们向遇到的不同国家的男人询问了相关情况，**奥雷利亚纳**声称与之搏斗过，阿库尼亚神父说她们每年只接待男人来访一次。

奥雷利亚纳： 16 世纪的西班牙探险家。

　　他们都声称，父辈曾告诉他们，在内陆存在着一个由妇女组成的共和国。据说有人曾发现她们中的某些人带着孩子。一个印第安人给我指了一条河，逆流而上直到河流不能再通航，上岸之后还要再花几天时间穿越一片树林，然后就到达了一个山地国家，传说那里就是这些女人生活的地方了。有些人声称亚马孙女战士只是一个神话。但我觉得，我们也没法验证她们从未存在过，也许她们只是换了住所和习惯而已……

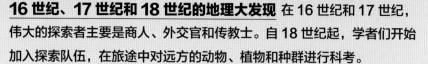

16 世纪、17 世纪和 18 世纪的地理大发现

在 16 世纪和 17 世纪，伟大的探索者主要是商人、外交官和传教士。自 18 世纪起，学者们开始加入探索队伍，在旅途中对远方的动物、植物和种群进行科考。

拉孔达明
博物学家和大地测量专家，三十四岁时前往秘鲁。他对亚马孙流域的认识将大大促进世界对这一地区的了解。

夏勒·玛西·德·拉孔达明

"我采集了一些金鸡纳苗，连同土壤一起放到了标本箱里……"

新的航海工具
航海者从 18 世纪科学的飞速发展中受益匪浅。一些测量仪器被完善，另有新的测量仪器出现。

亚马孙鹦鹉

用于测量角度的仪器

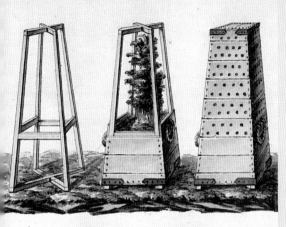

Vûe du Batir de la Caisse.

Vûe de la Caisse avec les arbustes en emballage.

Vûe de la Caisse fermée après les arbustes emballés.

Elevation Géométral de L'extérieur de la Caisse avec la main de corde tenuë par deux tiers-fond à lisse fixé dans une traverse du Batis en les trous de tarrière procurant une circulation d'air dans la ditte Caisse.

Coupe ou Profil Intérieure de la caisse avec les arbustes placées dans la ditte en dont l'on voit les racinnes entourrées de terre et dans de...

Plan du fond de la Caisse avec celui des montants et traverses diagonnalles assemblées à queüe d'arronde.

Mesure du Roy en France.

用来搬运植物的标本箱（摘录自漫画家加斯帕德·万希爵的记事本，他曾跟随佩鲁贾的探险队。）

探索之旅

旅行的目的因探索地点不同而异，但主要目标通常是对地球进行新的测量。但是，由于科研小组成员都具有强烈的好奇心，他们除了进行地球测量外，还对所有未发现过的动植物物种进行统计和分类，观察和描述当地人的奇特习俗，采集岩石和动植物的样本。

船员

他们之中既有军官，也有经验丰富或刚入行的水手，有渴望冒险的人，有过去遇到麻烦的人，甚至还有从监狱中招募来的人……

背着吊床的英国水手

为金星凌日前往西伯利亚

西伯利亚，1761 年—1762 年，**沙佩·达奥特罗什**

1760 年 11 月底，在国王的命令和科学院的建议下，我从巴黎前往西伯利亚的托博尔斯克去观察金星。人们预计它将在 1761 年 6 月 6 日掠过太阳。

临行前，我的一位同事提醒我："沙佩先生，你知道吗，如果你成功了，你就会实现**哈雷**的愿望。哈雷首先证明了这种现象对科学的重要性，之后却绝望地死去，因为他没能亲眼看见这种现象。"

我热情地回答："我知道，你可以放心，我不会失败的！我的工具都已经准备就绪。三天后我就会登船，几个星期以后我就会到达托博尔斯克！"

由于错过了荷兰最后一艘开往俄罗斯的船，我不得不走更长、更危险的陆路。我的旅程开始得很糟糕，不过幸运的是，

沙佩·达奥特罗什：
18 世纪法国天主教教士、天文学家、巴黎王室科学院成员。

哈雷： 17 世纪后期至 18 世纪英国天文学家。他发表了一篇论文，关于金星经过太阳时地球与太阳距离的测量方法。一颗彗星以他的名字命名。

我能够和为波兰国王服务的上校杜里欧先生一起前往华沙。我们经过奥地利后，于1761年1月22日到达华沙。接下来，我和法维尔先生一起重新上路，他也要去圣彼得堡。我们穿过了许许多多结冰的河流和山脉，大大减慢了我们马车行进的速度。我们艰难地到达**里加**，再穿

里加：波罗的海沿岸的一个城市，现在是拉脱维亚的首都。

过广阔冰冻的雪原，吹着严寒的疾风，步履维艰地来到答尔丢夫。这里的道路实在是太狭窄了，降雪量又太大，乘马车前进几乎是不可能了。

　　"别再往前走了，你这个不走运的家伙！"从圣彼

得堡来的旅客喊道，"否则你的马车会坏的！"

我们听从了他们的提醒，乘雪橇继续前行，于2月13日到达圣彼得堡，这时距离我离开巴黎已经两个半月。

我在圣彼得堡待了一段时间。去托博尔斯克的行程被定在3月10日启程。

伊丽莎白女皇给我下达了明确的命令，以保障我的旅行能在最好的条件下进行。

伊丽莎白：此处所说的是俄国的伊丽莎白一世，她于1741年至1762年成为俄国女皇。

3月10日，我离开圣彼得堡，14日到莫斯科，20日到下诺夫哥罗德，29日到索利卡姆斯克。最后一百八十**俄里**的路程是对雪橇极大的损耗，我不得不在那里待了几天，直到雪橇被修好。我利用被迫停留的这几天参观了索利卡姆斯克，那里的一些居民带我去洗澡。门一开，烟就冒了出来，我被吓了一大跳。

"后退！快后退！"我对着我的同伴大喊大叫。

"放心吧，"其中一个笑着说，"这很正常！"

经过解释，我明白了这些浴室是用来排汗的，并且对健康很有好处。于是我进去了，但不久就觉得身体不太舒服，安全起见，我很快又出来了。在到达托博尔斯克之前，我不敢冒任何险。这之后，我参观了一家**铸造厂**和一家盐厂，这种参观才更适合我。但是我在那里受到了特别恶劣的接待。然而，对于那些一年中有九个月被关在茅屋里、整个冬天都不出来的人，我能责怪他们什么呢？

俄里： 俄国的旧制计量单位，相当于1公里多一点。

铸造厂： 将矿石熔化以获得金属的工厂。

我于4月2日离开索利卡姆斯克，5日到达维尔霍图里耶。有人和我说，初冬的时候这里有一个女人命丧了熊口。当我知道这里还有很多狼的时候，我决定还是不要停留了。多亏主事给我的安全通行证，我顺利地通过了海关，装仪器的箱子也没有被搜查。4月10日，我终于到达了托博尔斯克，在短短一个月的时间里，我驾着雪橇走了八百法里，但由于路上的故障以及重新找马的困难，我的行程被耽搁了好多次。

我一到托博尔斯克就受到了省长德·西蒙诺夫先生和他女儿们的热烈欢迎。休息过后，我立即着手建造我的天文台，直到5月11日才完工。我把仪器调试好后，在18日阴天，我居然还能观察到**月食**的几个阶段。我的天文台给当地居民们留下了深刻的印象，但看到我安装钟摆、

> 月食：地球介于太阳和月亮之间的现象。月亮处于地球的阴影中，人类肉眼看不到它。

十九英尺高的望远镜和他们从未见过的仪器时，这些人陷入了一种奇怪的麻木与气馁。他们确信我是一个魔法师。虽然总督和镇上的一些显贵相信我这次旅行的目的是科考，但其他人仍然沉浸在迷信之中。因此，人们把当年额尔齐斯河严重的泛滥归咎于我。要知道，那次泛滥造成了一些居民的死亡、很多岩石的坍塌，还冲走了一些房屋。

"所有这些不幸都与你的到来不谋而合，你这个该死的陌生人！"一位老人注视着我说道。

"如果不是为了把不幸带到我们这个可怜的地方，

你为什么要大老远前来呢？”一个非常丰满的女人加油添醋地说道。

"为什么……"第三个人也开始发问，"为什么……嗯……为什么……"但他都没能说完这句话，因为他已经醉倒了。

对这些想法简单的人来说，我这个陌生人来自遥远的地方，还搭建了一台奇怪的机器，日夜不停地操纵着陌生的东西……所有这些都令他们很不安。许多居民焦急地盼着我离开，有些人甚至提议赶我走。但是因为有德·西蒙诺夫先生的保护，在托博尔斯克逗留期间，我对这些居民也没有什么可害怕的。

6月3日，我开始为三天后即将发生的日食做准备。德·西蒙诺夫先生、德·普希金先生和大主教先生也想看日食，我让他们搭起帐篷，配备上望远镜，这样他们就可以很方便地观察日食。5日晚上，当太阳下山的时候，天空没有被一丝云层遮盖，预示了第二天的绝佳天气。但是在夜间的近十个小时里，当我期待着欣赏星光灿烂的夜空时，我惊恐地发现，大雾开始升起，云层聚集，很快就越来越厚，没过多久，一颗星星都看不到了！我不能让自己走了这么远最后却一无所获。

我整晚都站着，在帐篷和天文台之间来回踱步。我在帐篷里等得心焦，天文台依旧被漆黑到令人绝望的天穹所覆盖。天亮的时候，云还没有散去。我很怕自己不得不放弃这次任务了。就在这时，云朵被风吹动，露出了一片天空。重拾希望的我让助手们做好准备。当遮盖太阳的乌云完全消散时，我看到金星已经开始经过太阳了，但还没有完全掠过。因此，我还能够观察这一现象的基本阶段，完成了我被委托的任务，不得不说我还是很自豪的。

　　"恭喜呀，沙佩先生！"德·普希金先生欢呼道，"我们的城市会因为有您这样的公民而骄傲的！"

　　很长一段时间以来，我一直担心金星凌日发生的这天，人可能会太多，妨碍我的观察。但所有的居民似乎都吓坏了，躲在自己的房子里。当看到我在 8 月 28 日拆掉所有的仪器离开时，他们简直太高兴了！

　　在接下来的几天里，我把我的观测结果传达给了欧洲的主要科学院。在俄国停留的日子，不仅让我进行了有利科学进步的重要观察，还让我更好地了解了俄国和俄国民众。多么悲惨的国家啊！除了莫斯科，其他地方既没有工业，也没有名副其实的商业。农民们放荡懒散，缺失道德与伦理，残忍野蛮，表现得就像动物。这是土地贫瘠或气候恶劣导致的后果吗？我不知道。幸运的是，**叶卡捷琳娜**女皇保护哲学家、文人和科学家，并呼吁他们到她身边

叶卡捷琳娜：这里指的是叶卡捷琳娜二世，她从 1762 年起成为俄国女皇，一直到去世。

来启发俄国民众，她的统治似乎预示着新时代和一个伟大民族的到来。

18 世纪 一个将被命名为启蒙时代的黄金年代，其主要原因是该世纪的艺术、思想和科学都经历了非凡的发展。在探索的渴望和君主的鼓励之下，探险家们陆续离开欧洲，去征服世界。

叶卡捷琳娜二世
（俄国女皇）

圣彼得堡

一名西伯利亚居民

启蒙运动的首都
欧洲大国之间的竞争也使这些国家的首都，如巴黎、伦敦、维也纳和圣彼得堡等，都站在相互对立面，这些城市都竭尽全力吸引当时伟大的有才智的人加入自己的沙龙和学院。

西伯利亚
虽然世界上还有许多土地有待探索，但当时欧洲东部的边界对欧洲人来说，是未知或未被发现的领土，例如西伯利亚。他们对那里的居民和对地球另一端的人一样陌生。

若弗兰夫人的沙龙（她接待科学家和哲学家，并与瑞典国王和俄国叶卡捷琳娜二世保持通信。）

"我把我的观测结果传达给了欧洲的主要科学院。"

沙龙
伟大的时代才子聚集在一起，阅读、讨论科学、哲学和文学，并批评政治制度。

哲学家
哲学家是 18 世纪科学、人文和艺术复兴的伟大倡导者。他们来自不同的知识领域，精通多个学科，就像狄德罗、霍尔巴赫或洛克一样，他们具有坚强的个性，渴望通过思想和科学改变世界。

对政治的兴趣
哲学家是受过良好教育的人物，在欧洲政治舞台上扮演着重要的角色，为经常求助于他们的君主提供建议。

伏尔泰（右）和腓特烈二世

大溪地：地球上的天堂

大溪地岛，1768 年，**路易斯 – 安托万·德·布干维尔**

距离我们离开陆地、登船远航已经超过十三个月了。为了环游世界，当时我们分别上了两艘护卫舰，一艘是埃托瓦勒号，另一艘是布德斯号。国王决定把这两艘船的指挥权交给我和路易斯 – 安托万·德·布干维尔。1766 年 12 月 15 日，我们从布雷斯特出发，首先到达的是蒙得维的亚，然后到达福克兰群岛。从那里出发，我们经过里约热内卢，然后又重新回到蒙得维的亚，之后来到维基尼角，我们穿过离维基尼角不远的麦哲伦海峡进入了太平洋。在海峡的入口处，我们遇到了**巴塔哥尼亚人**，他们并不像一些水手所说的像巨人一样，而只是个子高大一些。

路易斯 – 安托万·德·布干维尔：18 世纪法国航海家。

巴塔哥尼亚人：居住在智利南端的人。

我们现在离开麦哲伦海峡已经几个星期了。因为顺风，所以我们以相当快的速度前进。但三月份对我们的船员来说尤其痛苦，特别是在最后的五天里，我们不得不面对西风和猛烈的暴风雨。更不幸的是，几个水手得了**坏血病**。

坏血病： 由于缺乏维生素而导致的疾病，常表现为出血。

大家的身体都很虚弱，我们想找一个地方停下来进行补给。1768 年 4 月 2 日上午，我们看到了一座岛屿，岛上有座陡峭的山丘。当我们朝它驶去的时候，我们又发现了另一座岛，上面没有那么多山，乍一看却更大，似乎在那里我们能更轻松地找到木材和水。但是风把我们越吹越远。4 月 3 日晚，我们看到几个地方有烟火，因此推断那里有人居住。

4 日早上，我们借助风力把所有的船只都驶向那座岛。我们靠近了一片弧形的陆地，这片陆地形成了一个海湾。这时一艘独木舟从我们身边划走，很快又从岛上带了上百号人来迎接我们。驾驶第一艘独木舟的人一丝不挂，挥舞着香蕉叶向我们表示友好。当我们进行回应，其中一个送了我们一头乳猪和一串香蕉。我们回赠了帽子和手帕。这一举动确立了我们的联盟。就在那时，其他装满水果的独木舟包围了我们的船。于是这一整天都用我们不值钱的小玩意儿来交换天赐的水果。虽然没有一个岛民愿意上我们的船，但他们表现得十分慷慨，且独木舟上也完全没有配备武器，这使我们确信他们的善良和温和。直到天色变暗，风开始把船吹远了，他们才撤回到自己的土地上。

5 日，我们找到了一个**下锚地**。这让我们有机会更靠近这座岛。岛上有不少山，上面的树木郁郁葱葱，花朵盛放，整座岛屿仿佛是被树叶和鲜花做成的花环装点着。高处覆盖着灌木丛和草地，俯瞰着低处的农田，而在椰子树、香蕉树和其他结满成熟果实的树木中间，散布着岛民的住所。在更远的地方，我们可以看到瀑布，当它落入大海时，冲起一团团的泡沫，瀑布旁是一个天堂般的村庄，那里的居民正向我们挥手表示欢迎。我们不能被淋湿，所以离瀑布远远的，然后像前一天一样，和岛民们进行物物交换。

第二天，我们还是被淋湿了。刚一下锚，我们的船就被独木舟包围了，独木舟上满是岛民，他们喊道："塔约！塔约！"意思是："朋友！朋友！"独木舟上的女人和身边的男人一样，都是裸体的，她们和欧洲人一样美。被这些**维纳斯女**神的魅力吸引，我们决定上岸。

下锚地：有利于船只下锚停泊的地方。

维纳斯：罗马神话中的爱神。

　　我们一上岸，岛上的居民就蜂拥而至，兴高采烈地一会儿摸摸我们，一会儿与我们拥抱，他们的那种快乐难以描述。"塔约！塔约！"的声音从四面八方传来。一位名叫埃雷蒂的首领和他的家人在他们的茅屋里欢迎我们。他送了我们很多礼物，并带我们参观了这座岛。我们被小岛的美丽所征服，决定给它起名叫新基西拉。后来我们知道当地人叫它大溪地岛。为了感谢这座岛和它的岛民，我们邀请了四位岛民上我们的船，并为他们献上了焰火，但这可把他们吓坏了。

第二天，我们在岛上扎营，筑起篱笆。

"你们为什么要这样保护自己？"岛上的一些老人问道，"我们像兄弟一样欢迎你们，这就是你们表示感谢的方式吗？"

我们解释说，我们这样做没有丝毫**好战**的意图，只是为了保护我们的食物，以及更好地照顾我们的坏血病病人。误解就这样消除了。

好战：有侵略性的。

在接下来的几天里，我们努力巩固营地，岛民们尽其所能协助我们：帮助我们工作，邀请我们回家吃饭。我们对此无比感谢。他们在地上撒满鲜花，和着笛声唱歌，希望我们能与他们的年轻女儿结成夫妻。

每当我在岛上散步，走在草地上，看着色彩鲜艳的花朵，嗅着沁人心脾的香味，置身于果树和清澈凉爽的河流中，我都以为自己身处**伊甸园**，与世界上最幸福的男男女女在一起。

然而，有一件事打乱了这种平静。10 日那天，尽管我们的士兵被严令禁止把武器带离船只或营地，我们却还是发现了一具被枪杀的岛民的尸体。

我大发雷霆："这怎么可能呢？谁敢做这样的事？"

尽管我进行了彻底的调查，但还是未能查明这一罪行的肇事者。虽然岛民继续表现出亲切的友谊，但据我所知，有些人已经躲到山上去了。两天后，又发生了一起事件，三名岛民被刺刀刺伤。

恐慌席卷了岛民。我**绞死**了四名涉嫌这些凶案的嫌疑人。我以为这个举动能恢复安宁与和平，但我错了。

当天晚上，一阵突如其来的暴风雨迫使我们退回船上，我们不停地干活，

伊甸园：天主教认为这是由上帝创造的人间天堂。

绞死：对于不守纪律的水手实行的惩罚。

以防止船只被海浪冲走撞上礁石。当我们一大早筋疲力尽地回到营地时，岛民们已经离开了村子。我们在离营地一英里的地方发现了他们。妇女们伏在埃雷蒂的脚边，向我们哭诉。

"朋友，兄弟，"她们说，"你们是我们的朋友，现在却要杀我们！"

最后只有不断承诺，我们才成功说服他们返回村里。我们终于再次获得了和平：通过交换布料和工具，我们得到了水果和点心。

14日，埃托瓦勒号扬帆起航去探查一条航道，走那条航线也许能让我们安全地离开停泊地。经过谨慎的操纵，埃托瓦勒号终于到达了可以下锚的地方。随后我们花了一天多的时间来完成补给以及清理营地。我在一块橡木板上刻下**"财产占有声明"**，把它立在

财产占有声明： 声明小岛成为某位国王财产的文件。

了这片土地上，向今后到达这里的人表明：现在，大溪地岛是法国国王的财产。

15日，我登上布德斯号，出海与埃托瓦勒号会合。当我们准备启程时，埃雷蒂问我们是否愿意带走他们其中的一名岛民。他的名字叫奥图鲁，他想和我们一起

我们高兴地接受了。向在场的岛民赠礼后，我们向他们告别。岛民们在独木舟上哭着送我们离开。这些善良人的痛苦让我们很感动。我们不得不带着深深的悲伤离开此地。

对南半球的探索 18 世纪下半叶开始，英国人和法国人在南半球的海域进行了大规模的探险之旅。虽然南部大陆一直没有被发现，但这些航行发现了另一个神话：大溪地岛。

不为人所知的地区

16 世纪，荷兰的航海者无意间登上这些南半球海域的小岛，之后人们便遗忘了这些地方，直到 18 世纪英国航海家塞缪尔·沃利斯再次将其发现。

大溪地舞者

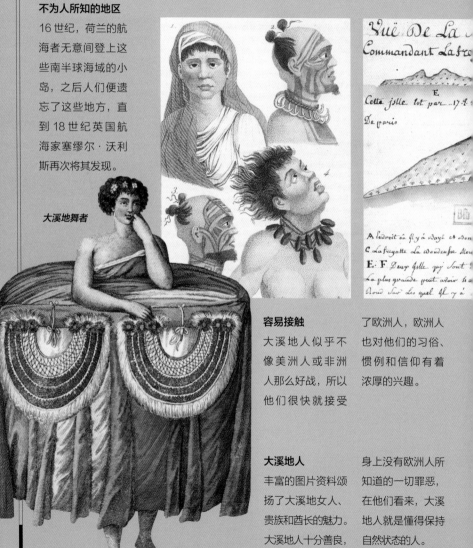

Vuë De La...
Commandant La fre...

Cetta jsle est par...174...
De paris

A lendroit où il y à Bayë et Bon
C La fregatte La Boudeuse Mou...
E: F Deux jslle qui sout...
La plus grande peut avoir d...
Nord Suv Les quel jl y à...

容易接触

大溪地人似乎不像美洲人或非洲人那么好战，所以他们很快就接受了欧洲人，欧洲人也对他们的习俗、惯例和信仰有着浓厚的兴趣。

大溪地人

丰富的图片资料颂扬了大溪地女人、贵族和酋长的魅力。大溪地人十分善良，身上没有欧洲人所知道的一切罪恶，在他们看来，大溪地人就是懂得保持自然状态的人。

奥图鲁

他在巴黎住了十一个月，他的语言和习俗引起了法国沙龙常客的好奇心。随后，他于 1770 年 3 月乘船前往毛里求斯，后于 1771 年 10 月前往留尼旺岛。他一到留尼旺岛就因染上水痘而不治身亡。

路易斯－安托万·德·布干维尔

布干维尔

作为一名训练有素的数学家和军人，他在大溪地岛停靠旅行中投入了大量时间，致力于为善良的当地人破除迷信。

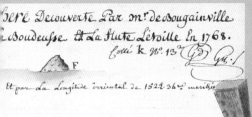

大溪地岛地图
（绘制于1768年。）

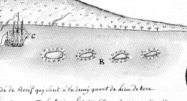

大溪地国王

"每当我在岛上散步……我都以为自己身处伊甸园……"

"善良的原住民"

布干维尔描绘的大溪地人有着田园诗般的形象，强化了"善良的原住民"这一时兴认知，激励了包括卢梭在内的许多哲学家怀念人类与自然和谐相处的时代。

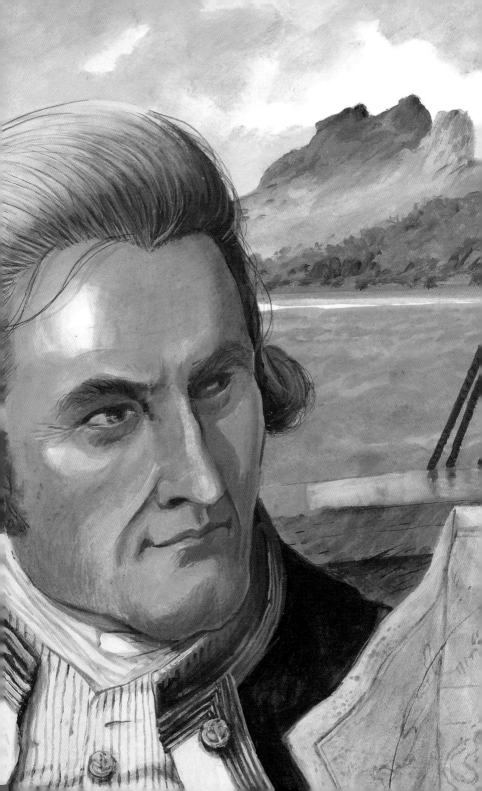

在南半球海域的库克

太平洋，1773 年，**詹姆斯·库克**

"那么，库克先生，终于能再次出发了，你对此满意吗？"我们的外科医生安德森脸上挂着大大的笑容这样问我。

"是的。"我也笑着回答。

在陆地上待了十五个月后，我迫不及待地想启程去南半球的海域！

1768 年 8 月至 1771 年 5 月，我在近三年的时间里完成了在这个地区的第一次航行。当时，我奉英国**海军司令部**的命令，只开着一艘三桅帆船努力号就来这里了，所幸航行成功了。当时，我和手下们离开古老的英格兰，经过合恩角进入太平洋，来到大溪地岛以观测金星凌日——布干维尔先生在他的《环球航行》中应该已经详细地解释过了。我们利用这个机会与岛民建立

詹姆斯·库克： 18 世纪英国航海者，曾三次远征考察太平洋。

海军司令部： 海军的高级指挥部。

了联系。随后我们离开大溪地岛，去寻找**南半球大陆**，有许多学者都写过关于这片大陆的文章，但从没有人准确定义过它的位置。就在我们航行寻找它的过程中，我们来到了新西兰，在那里我们遇到了身体和脸部都有文身的奇怪人类：**毛利人**。我们还探索了新南威尔士和新几内亚，之后抵达了巴达维亚，又经由这里抵达好望角。鉴于船只需要修缮，船员们也因感染痢疾而健康状况堪忧，于是在返回英国多弗尔之前，我们在好望角停了下来。我们对于没能找到南半球的大陆感到很痛苦。不过，我们仍然对能够完成这次航行而感到自豪。是时候离开了。

我们终于又出发了！这次探险更为重要。我们有两艘船：一艘是吨位四百六十二吨的决心号；另一艘是吨位三百三十六吨的探险号。我指挥决心号，探险号则交给了**托拜厄斯·弗诺**。海军司令部对我们第一次航行中的科学发现非常感兴趣，那次的学者们由**约瑟夫·班克斯**领导。这次司令部给我们派了三名博物学家和两名天文学家，我们给他们准备了大量的仪器以便科学观测；此外，

南半球大陆： 在假想中为平衡地球两极而存在的大陆。欧洲航海家被派往南半球海域进行寻找，但没有成功。

毛利人： 新西兰的波利尼西亚人。

托拜厄斯·弗诺： 18世纪英国航海家，曾参与了库克的第二次航行。

约瑟夫·班克斯： 18世纪英国博物学家和植物学家。

还有风景画家威廉·霍奇斯，他跟随我们的航行以绘制我们所到地点的风景草图和地形图。当食物、货物和航行的所有必需品都装船完毕后，我们就立马离开了英格兰的普利茅斯前往南半球，那时是 1772 年 7 月 13 日。

1773 年 3 月 17 日，我们到达了**范迪门之地**。在那之后，我们向新西兰驶去。3 月 25 日，经过了三千六百六十英里的航行以后，新西兰出现在我们的视野里，第二天我们就在达斯基湾登陆了。在这个海湾停留的期间，我们进行了水资源和木材的补给，博物学家也有机会更加深入了解当地的野生动植物，尤其是动物，比如海洋鱼类、贝类、**海牛**、鸭子；这边的鸟类也数量众多——水蓝色的海燕、黑水鸡和红颊蓝饰雀等。

约翰·福斯特给我看了一些他在陆地上采集的标本，并问我："库克先生，你认识这些奇怪的鸟吗？"

"不认识，"我困惑地回答，"我还是第一次见到这些物种！"

"这是一只长足异鹬。它之所以被这样命名，是因为它只生活在湿地中。

范迪门之地：欧洲人最早为塔斯马尼亚岛取的名字。

海牛：生活在大西洋和太平洋的海洋哺乳动物。

约翰·福斯特：18 世纪德国博物学家。

那只则是垂耳鸦，人们说它就像长着小肉瘤的乌鸦！你看到另一只了吗？那是新西兰鹩鹩，它看起来像一只斑鸠。"

我们的博物学家还发现了许多其他鸟类和许多岛上特有的植物。在那里，我们还遇到了一些当地人，他们在很长一段时间内都躲着我们，后来则与我们建立了良好的关系，愿意主动用食物交换一些小玩意儿，并带我们参观他们的住所。因为他们和我第一次旅行时遇到的岛上其他地方的居民说同样的语言，有同样的习俗、同样的外貌，所以我推断他们属于同一个种族。

5月17日，我们出发了，船沿着夏洛特女王海峡航行。

在经历了猛烈的暴雨之后，我们直到第二天才重新与探险号会合。6月7日，我们最终离开了新西兰，去寻找南半球大陆。不过，这片土地就像是会逃跑一般：我们一无所获，只好航行到了**社会群岛**。8月1日，我们的位置表明，我们现在应该与卡特雷特船长在1767年发现的皮特凯恩

社会群岛： 现在是法属波利尼西亚的主要群岛。

群岛齐平，但海平面上什么也看不见。尽管我们找了很久，也无法定位那片群岛，同样也没找到卡特雷特船长所标记的其他岛屿。

我的副手看我在进行勘探，便问道："船长，我们

需要做进一步的搜寻吗？"

我脱口而出："没必要了，我本希望发现一个新的大陆。但是现在我们已经到了卡特雷特所走之路的北边，我非常怀疑我们是否能找到它。"我命令道："向大溪地岛出发！"

"向大溪地岛出发！"我的副手喊道。

全体船员都忙活起来了。之后，我们的船驶向了大溪地岛和社会群岛。

8月15日，我们终于看到了这片群岛。几次尝试以后，我们在奥艾蒂－皮哈下锚，进行首轮补给。这个海湾离大溪地岛东南端并不远。几天之后，我们又在马塔瓦伊海湾停留，进行第二次补给。在那里我们得知岛上的两个半岛之间爆发了战争。

"你第一次来这里时认识的许多人都死了，大溪地岛现在被分成了两个王国，"一位老人解释说，"塔拉霍王国由瓦希亚图阿统治，奥普里奥努王国则由奥图统治。"

16日，岛民来找我们，他们用鱼、椰子和各种水果交换彩色玻璃饰品。在接下来的几天里，我们继续这样的交换，期望能成功换到猪肉。17日下午，我们上岸去拜访居民，并补给了水源。在那里，我们遇到了瓦希亚

图阿，他问了我们许多问题，都是关于班克斯先生和我第一次旅行时同行的那几个人。8月24日，我们在一阵微风中出发，由岛民的小船护送，向西驶去。26日，我们到达了奥帕里村，我和弗诺先生、一些军官和士兵一起上岸，遇到了奥图。在交换了礼物后，我邀请他来决心号参观。他礼貌地拒绝了。然而第二天，他在更多人的陪同下又来了。我们带他们参观了决心号，并在午饭后用小艇送他们上岸。

在离开社会群岛之前，弗诺先生把一个名叫奥迈的年轻原住民男子带上了探险号，想把他带回欧洲。我发现他的面容、肤色和身材都和这些岛屿上的居民不太一样。出于同样的原因，我把一个名叫奥达伊迪的年轻大溪地人也带上了决心号。9月17日，我们离开了社会群岛，继续向西航行。

10月2日，我们来到了朋友群岛。尤哈岛的居民热情地欢迎我们，但最吸引我们的是汤加-塔布岛的居民。他们有浅铜色的皮肤，强壮而敏捷，最特别的是他们从大腿中部一直到胯部以上都有文身。当我们和其中一位首领阿塔戈一起参观这座岛时，霍奇斯向我提出了一个问题。

"你有没有注意到，"他对我说，"这些当地人中不论男女，有一些人是没有小拇指的，比如这个人，或者这两个人，还有那个女人。"

我问阿塔戈这种身体残缺的原因。尽管他带我们参观了岛上几乎最隐蔽的角落，给我们提供了宝贵的信息来让我们更好地了解当地人民的生活方式，但在这一点上，他却保持沉默。我们也一直没搞清楚这种做法的意义。10 月 7 日，我们离开汤加－塔布岛前往新西兰。

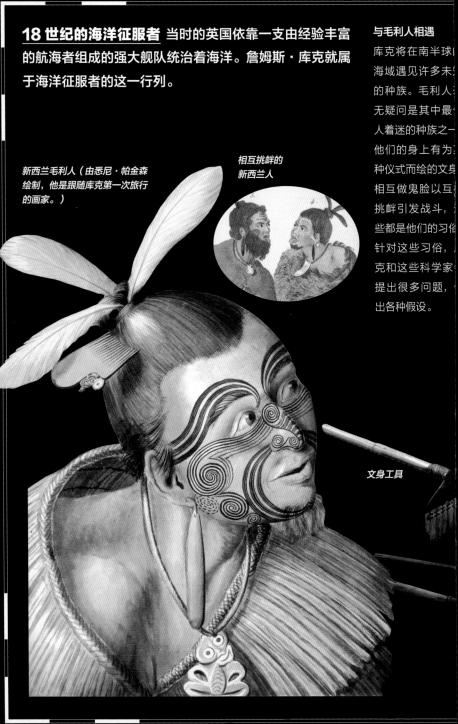

18 世纪的海洋征服者 当时的英国依靠一支由经验丰富的航海者组成的强大舰队统治着海洋。詹姆斯·库克就属于海洋征服者的这一行列。

新西兰毛利人（由悉尼·帕金森绘制，他是跟随库克第一次旅行的画家。）

相互挑衅的新西兰人

文身工具

与毛利人相遇

库克将在南半球海域遇见许多未知的种族。毛利人无疑问是其中最令人着迷的种族之一。他们的身上有为种仪式而绘的文身，相互做鬼脸以互相挑衅引发战斗，这些都是他们的习俗。针对这些习俗，库克和这些科学家提出很多问题，提出各种假设。

从一座岛到另一座岛

岛民并非孤立无援，他们经常乘坐独木舟从一座岛屿到另一座岛屿，其中一些独木舟可以容纳近五十人。

社会群岛用于战争的独木舟

科学家和艺术家

为了更好地完成使命，库克身边有一位风景画家、一位自然历史漫画家、一位天文学家和两位博物学家。

右边是詹姆斯·库克

他的旁边是约瑟夫·班克斯

夏威夷的战神

"在那里我们遇到了身体和脸部都有文身的奇怪人类：毛利人。"

宗教仪式物品

原住民的信仰让旅行者着迷，很多宗教仪式物品被带回欧洲（例如库克探险队带回的夏威夷的战神头像）。这些物品要么神秘、美丽，要么令人望而生畏。

复活节岛的巨人

复活节岛，1774 年，**威廉·霍奇斯**

威廉·霍奇斯：库克第二次远航的官方画家。

1774 年 2 月 6 日，越过南极圈以后，当我们的决心号和探险号面对巨大的冰原时，库克船长为了让大家能安全过冬，下令朝回归线方向航行。

"你看，霍奇斯，"他对我说，"如果我们愿意的话，现在就可以去好望角，从那儿直接回我们可爱的家乡英格兰，但是……"

"但前提是太平洋得把它所有的秘密都告诉我们。"我回答说。

"没错。"他点了点头。尽管我现在确信我们不可能找到南半球大陆了，因为这只不过是一个幻想，但我同样确信，世界上还有许多奇迹和奇观有待发现。这就是为什么我们将继续探索这些海洋，有多远走多远，走得比任何人都远。

我也不急于回家。每当我们看到一片新的土地时，我都非常兴奋，兴奋到无法拿起画笔来描绘我们眼前的天堂。

3月11日，在决心号的甲板上，我们看到了一片新土地，这可是自四个月前离开新西兰以来我们第一次看到陆地。它被称为复活节岛，因为它是在复活节被发现的。3月13日，库克船长、我以及一些军官一起上岸来绘制关于这个地方和居民的草图。当地人看到我们非常激动，渴望能和我们有所接触。他们一看到我们的小艇下水，就游到我们这里来。而我们刚踏上他们的土地，就立马

感受到了他们的亲切和友情。我从未见过如此热情好客的人，但我也从未见过比他们更喜欢偷东西的人：他们偷我们的帽子，还喜欢翻我们的口袋来找那些最不值钱的玻璃小玩意儿！

这座岛就像我们从决心号甲板上看到的那样：干旱而多岩石。岛上的**拉帕努伊人**不超过七百人，但因为他们种植土豆、香蕉、

拉帕努伊人：复活节岛上的居民。

甘蔗，并饲养家禽，所以我们可以进行食物补给。由于岛上没有足够的淡水储备，库克船长决定在岛上停留最多三天。奥迈是我们在大溪地岛停留时带上船的一位年轻原住民，他能听懂这里居民的语言。库克由此推断，复活节岛和最西部岛屿上的居民有共同的血统。

岛上最独特的点还不在这里，而在于巨大的雕像，岛民用不同的方式命名这些雕像：高特摩艾，玛拉巴特帝·加纳华，谷外－杜谷，玛达－玛达。这些雕像的底座被埋在地里，眼睛望向天空。

当我坐在这些雕像旁边画素描时，库克走近我。

他盯着我面前的雕像问道："你觉得这些是什么呢？"

"某种信仰，"我回答说，"他们是如此骄傲地面向天空，我想他们是某些神明的雕像，代表着这些地方

居民所尊敬的神明。"

"神明的雕像，"船长接着说，"这也是我最开始的想法。但是你看，我现在确定他们并不是。看看当地人是如何对待他们的，没有一丝崇拜。但当**罗格文**发现并参观这座岛屿时，这些雕像可能对当时的岛民来说代表着神明。"

我钦佩库克船长惊人的观察力。他注意到几个雕像所竖立的平台上躺着一具覆盖着石头的人体骨骼。所以他认为这些巨大的雕像更像是家庭或部落的坟墓。

这番对话之后，我在海岸上漫步，以更近的距离观察这些奇怪的巨人。根据土壤的性质，雕像所在的石砌露台长三十英尺至四十英尺，宽十二英尺至十六英尺，高三英尺至十二英尺。尽管看上去没有任何用水泥固定过的痕迹，但这些石头——**榫（sǔn）接**嵌套在彼此内部，这明显需要大量的技巧和精准度。

雕像的侧面并不是完全与地面垂直，而是稍微倾斜。只有上半身被精雕细琢过，底部则只是粗糙的切割，勉强能看出是人类的形状。然而，面部特征

罗格文：17 世纪末至 18 世纪的荷兰航海家，他于 1722 年 4 月发现复活节岛。

榫接：建筑材料的一种连接方式，即以一块材料被凿出凹槽，与另一块材料凸起的部分相拼接。

的塑造是非常成功的，尤其是鼻子和下巴。这些岛屿上的居民在没有机器的情况下，怎么能抬起这些雕像呢？他们怎么能把巨大的圆柱形石头当作头饰戴在雕像头上呢？他们是在这里还是在其他地方进行切割的？那么他们是如何移动石头的呢？不管他们用的是什么方法，毫无疑问雕像的塑造需要花费岛民大量的时间、精力和毅力，他们当时也许拥有高度工业化，但现在已经消失了，因为随着时间的流逝，雕塑的底基出现了磨损与腐坏，而今日的岛民无法修复。

每个人对这些问题都有自己的看法，但没有人知道真相。我白白花费了好几个小时来详细描绘这些雕像的面孔。我用蜡笔画上几个小时，试图揭开他们的神秘面纱，但巨人们仍然无动于衷，只是用他们奇怪的眼睛盯着我，同时保守着他们的秘密。

在这座岛上待了三天之后，我们又出发了，4月7日到达了西班牙人门达纳1595年发现的马克萨斯群岛。从那以后再没有人能找到这片群岛。库克船长确定了它的确切位置。我们又上岸去见当地人。听到的第一句话让我们想起了大溪地人的语言。这证实了船长的假设，即这一地区的所有民族都有共同的血统。

通过交换玻璃饰品，我们获得了好几批食物。在一次交换过程中，意外没有任何征兆地发生了。当交换顺利进行时，一个马克萨斯人拿着一个铁烛台逃走了。

毫无疑问，他当时也没想做坏事，只是他们就像复活节岛上的人一样，惯于小偷小摸。但我们的一个士兵没别的办法阻止，就向他开了枪，结果把他杀死了。

4 月 11 日，也就是我们在马克萨斯群岛登陆并造成一名男子死亡后仅仅四天，我们就离开去大溪地岛了。但我无法逃脱脑海中不断出现的目光——石头巨人责备的目光。

迷失在太平洋 复活节岛和坐落在岛上背对大海的巨型雕像激起了欧洲人的好奇心。他们将在很长一段时间内试图研究石像的历史和意义。

库克船长于 1779 年 2 月 14 日在夏威夷去世（此时他处于第三次远行中。）

库克之死

发生了一系列误解，詹姆斯·库克先是被夏威夷人误认为是神灵，后来又被当地人屠杀。这位伟大的航海者打破了南半球大陆的神话，绘制了非常精确的太平洋地图，在之后的几十年间被许多航海家使用。

关于石像的假设

复活节岛上曾经可能发生过一场灾难，毁掉了该岛的木材资源，这之后人们就停止了建造雕像。他们在暴动中推翻了几座雕像，后来由于欧洲人传教，岛民渐渐忘记了曾经的信仰。

复活节岛上的女人与男人

"我在海岸上漫步，以更近的距离观察这些奇怪的巨人。"

复活节岛的雕像

由玄武岩制成的摩艾石像是高二点五米至九米的巨石，平均重量为十四吨。岛民借助圆木和绳子移动巨石，使其翻转到属于他们的位置。

这些雕像是干什么用的?
即使在今天，这些雕像的神秘面纱也没有完全揭开。它们的建造极有可能与葬礼仪式有关，但我们仍然不知道为什么复活节岛的人们以如此巨大的比例来建造如此众多的它们。

复活节岛上的摩艾石像

阿胡：用来摆放摩艾石像的平台

毛乌纳岛的悲惨停靠

太平洋，1787 年，拉彼鲁兹伯爵**让－弗朗索瓦·德·加洛**

"拉彼鲁兹伯爵万岁！拉彼鲁兹伯爵万岁！"当我告诉手下我们即将启航时，他们齐声欢呼道。

我们刚刚得到消息，可以把翻译人员和我们的信件、包裹送回法国，我们没有理由再继续待在这里了，是时候离开**阿瓦查**湾了。

虽然我们在阿瓦查只停留了几个星期，但在这段时间里，我们一直在观察**堪察加半岛**。俄罗斯人在那里买卖**紫貂**皮、狐狸皮和海獭皮，这是该亚洲地区居民的主要收入来源。虽然这个地区的冬天很冷，但冰雪并没有阻止人们在海湾进进出出，因为冰冻带离海岸有三四百**土瓦兹**远。这就是为什么我们的两艘护卫舰罗盘号和星盘号离岸时，没

让－弗朗索瓦·德·加洛： 18 世纪法国航海家，于 1785 年开始环游世界。

阿瓦查： 位于堪察加半岛的一个小镇。

堪察加半岛： 位于俄罗斯最东端的半岛。

紫貂： 生活在西伯利亚和日本的一种小型哺乳动物。

土瓦兹： 法国旧制长度单位，1 土瓦兹约等于 2 米。

有受到任何损伤。两年前，也就是 1785 年 8 月 1 日，我们离开这片海湾的时候满怀不舍，因为它和布雷斯特湾非常相似。

离开阿瓦查湾的时候，我们顺北风而航行，一路顺风顺水；当我们距公海两法里的时候，北风变成了猛烈的暴风雨，把我们吹离海岸八十法里。于是我们立刻朝东南方向的东经一百六十五度、南纬三十七点三度航行，去寻找西班牙航海家于 1620 年发现的一座岛屿。这座大岛上应该人口众多，有些地理学家曾准确

记录了这一地区的位置，但从那以后再也没有人到过这个地方。

1787 年 11 月 14 日午夜，我们到达了这条纬线。几天来，我们一直在寻找这片土地，但毫无结果。尽管我仍然相信它确实存在，而且离我们的航线并不远，但我们就是没有找到它。我们扬帆前往南半球，那里散布着众多岛屿，居民的语言和习俗我们都了解。11 月 21 日是自我们离开布雷斯特湾以来第三次穿越赤道。大家都很失望，因为从堪察加半岛出发以来，我们航行了这么远却一座岛都没发现。12月6日，我们发现海平线有陆地的迹象。

"那是什么地方，船长？"一个年轻的见习水手问我。

我回答说："根据我的计算，我们即将见到的应该是航海家群岛。"

我说得没错。出现在我们面前的陆地是最东端的岛屿。岛上有一条运河穿过。运河中驶出几条独木舟靠近我们的船只，船上有许多原住民，他们都长着蓬乱的头发，其中几个人身上还有由**麻风病**导致的严重伤痕。他们接近我们时像社会群岛和

麻风病：一种以皮肤损伤为特征的传染病。

朋友群岛上的居民一样友善，并没有随身带武器。可惜我们只从他们那里得到了二十个椰子和两只母鸡。

根据布干维尔的航海记录，我们想到西边几法里外一座更大的岛屿落脚，晚上我们一定能到达。可是，直到第二天早上六点我们才看到它，而且由于逆风，我们晚上五点才到达了它的东北角。我们刚到毛乌纳岛，载满当地人的小舟就围住了我们。他们怀里抱满了食物，我们用玻璃饰品换来了猪肉和水果。如此丰富的食物促使我们立刻决定在那里下锚。一些军官和水手跟着这些

当地人上了岸，他们受到了非常友好的欢迎，并获得了大量的其他食物后回到护卫舰上。

第二天，我不想继续在那里过夜，于是便决定去勘探这个国家。**弗勒里奥特·德·朗格**先生表示同意，我们下午出发，夜里就开始考察。等考察结束后天一亮，我们发现上百艘装满补给的独木舟就包围了我们的两艘护卫舰。当我们与岛民进行贸易时，**德·蒙蒂**先生和**德·贝勒加德**先生乘坐两艘小艇前往一个离我们一法里远的浅滩贮备饮用水；德·朗格先生乘坐小船前往一个更远的海湾参观一座村庄。后来，我和几个人一起上了岸。我们刚踏足地面，就陷入了一片混乱。因为，原住民都想向我们出售他们的产品。

弗勒里奥特·德·朗格： 18世纪法国航海家，星盘号指挥官。

德·蒙蒂： 18世纪法国航海家。

德·贝勒加德： 18世纪法国航海家。

物物交换进行得很顺利。我利用这个机会参观了一个位于果园中央的村庄。那里果树繁多，我还看到了棚屋里的居民。我们原以为他们是世界上最温和的人，因为我们没看到任何武器，但我发现我们错了：他们的伤疤和面部特征都表明了他们很残暴并时常处于战争的状态。

大约中午时分，我回到船上，我们的船又恢复了供水，我就出发了。当德·朗格先生结束他的旅行回来时，他被坐落在清澈瀑布脚下的一座小村庄吸引了。他坚持我们应该在出发之前再多储备点水。

　　"德·加洛先生，"他严肃地对我说，"我不知道我们什么时候还能找到这么多淡水。"

　　"放心吧，德·朗格先生，"我回答说，"我们有充足的储备以应对长距离的航行。"

　　"你永远不知道会发生什么事，"他不安地接着说，"利用好这个机会吧，免得有任何意外发生。"

　　我告诉他我们不需要更多的水了，可是白费劲。最终他设法说服了我，我让步了。

　　第二天，德·朗格先生率领两艘船、两艘小艇和六十一个人出发了。不到四十五分钟，他们就到达了浅滩，并把木桶装满水。

　　与此同时，许多卖食物的独木舟来到了这片海湾。当他们在中午靠岸时，岛民不超过两百人，而在三点钟时，岛民却超过了一千人。由于木桶刚刚装满水，而此时海湾水位太低，他们无法离开，同时发现他们已被当地人包围了。士兵们正试图控制局面，突然，

石块像冰雹一样砸在朗格先生和他的人所在的小船上。朗格先生掉进了水里，被棍棒和石头残忍地打死了。在不到五分钟的时间里，三四百名岛民把小船掀翻、砸碎，几乎杀死了所有的船员。幸运的是，其中一些人成功地游回了两艘大船上，同伴们把装水的大木桶推下船，用绳索把他们拉上来。他们费了好大的劲才逃离这个海湾。

幸存者们五点钟回来了，我们还在和岛民讨价还价做交易，他们告诉了我们发生的事。大约有一百艘独木舟正环绕着罗盘号和星盘号，我需要动用所有的信念力量来稳住我的人，阻止他们为了报复而屠杀这些当地人。我开了一枪驱赶这些独木舟，不到一个小时，我们护卫舰周围的船就都离开了。

我考虑了很久要不要回去报仇，但第二天我醒悟过来，下命令离开这个可怕的海岸。我确信住在各座岛屿上的原住民之间会相互传递信息，所以决定一直航行到**纽荷兰**的植物学湾再休息，以便避开他们。我们在 1788 年 1 月 24 日到达了目的地。我们在那里住了将近一个月，我给法国国王写了一封信，告诉他我们接下来的任务，之

纽荷兰: 澳大利亚的旧名字。

后我们又返回了大海。

　　　　*　　　　　　*　　　　　　*

　　以上是拉彼鲁兹伯爵的最后一封来信。事实上，在
接下来的几周内，他和他的船员都神秘地消失了。

拉彼鲁兹伯爵探险队 这支队伍得到了法国科学院和海军学院的协助，其任务之一是深入探索太平洋，侦察阿拉斯加和堪察加海岸。

探索太平洋

1788 年 2 月，拉彼鲁兹向法国国王路易十六寄了一封信，信中写了他的计划：参观汤加群岛、新喀里多尼亚群岛、所罗门群岛、新几内亚、纽荷兰……但后来他的舰队悄无声息地消失了。

根据国王的命令

路易十六热衷于航行，他渴望为发现新大陆做出贡献，因此密切关注拉彼鲁兹之行的组织工作。他当着海军国务卿的面亲自下达了指示。

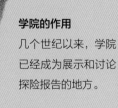

沙袋鼠（袋鼠科）

学院的作用

几个世纪以来，学院已经成为展示和讨论探险报告的地方。

VUE DU COLLEGE DES 4 NATIONS

巴黎的四国学院成为科学院的所在地

拉彼鲁兹伯爵和法国国王路易十六

香蕉花

瓦尼科罗岛上的传统舞蹈

"'拉彼鲁兹伯爵万岁！'当我告诉手下我们即将启航时，他们齐声欢呼道。"

艰难的接触

路易十六给出了非常明确的指示，要求航海家们与当地人不惜一切代价建立并维持和平关系。但是弗勒里奥特·德·朗格和其他人在毛乌纳岛被屠杀，再加上几次被围攻的遭遇，拉彼鲁兹伯爵不得不重新考虑他对当地人天生善良的看法是否正确。

出行的风险

除了暴风雨和与当地人的冲突外，航海家及船员面临的危险还有很多，比如海盗的袭击，由于缺乏维生素而引起的疾病等（例如坏血病）。

寻找拉彼鲁兹

太平洋，1792 年，**雅克－朱利安·德·拉比亚迪埃**

法国国王收到的关于罗盘号和星盘号的最后消息定格在 1788 年 2 月 25 日。当我以植物学家的身份于 1791 年 9 月 29 日离开布雷斯特湾前往南海进行搜寻时，拉彼鲁兹已经失踪三年多了。我登上了探寻号，这艘军需运输舰和希望号一起听从昂特勒卡斯托骑士的指挥。法国国王路易十六和国民议会委派给了他一系列任务：找到拉彼鲁兹伯爵，确定可能已经搁浅了的罗盘号和星盘号的残骸位置，以及继续对太平洋进行探索。

当我在甲板上向昂特勒卡斯托打招呼的时候，他问我："你知道你有多幸运吗，德·拉比亚迪埃先生？你不仅可以将未知的植物带回王室花园，而且你还将成为在世界尽头找到拉彼鲁兹伯爵的人之一，并因此而获得

雅克－朱利安·德·拉比亚迪埃： 18 世纪下半叶至 19 世纪法国植物学家，昂特勒卡斯托探险队成员。

极大的荣誉！"

这是一项艰巨的任务，因为我们必须在一片未知的海域寻找拉彼鲁兹伯爵，而且这一地区至少有上百座岛屿。但是昂特勒卡斯托骑士在那一刻的自信使我确信，我们最终一定会找到他的。但我错了，我丝毫没料到这次探险会以悲剧告终。

海军部长弗勒里厄给昂特勒卡斯托的方案非常明确：在好望角经停之后，我们必须仔细查看纽荷兰海岸，然后返回范迪门之地，之后到达朋友群岛和新喀里多尼亚群岛，再沿着拉彼鲁兹伯爵曾经走过的路线，途经新赫布里底群岛、所罗门群岛、路易西亚德群岛，最终到达新几内亚岛的东北海岸。然而，他们也商量好，指挥官应该根据实际情况随机应变，实际上也这样做了。

当我们在1792年1月17日登陆好望角并停留时，我们收到了一封快信，敦促昂特勒卡斯托骑士按照希望号指挥官霍恩·德·克马德克的命令改变路线。信中说，两个法国商人遇到了一个英国船长，这位船长声称在阿德默勒尔蒂群岛最东端的岛屿看到了一些人，这些人曾向他挥舞着白旗传递信号。其中一人穿着法国海军的制服。这让克马德克觉得那些人可能是拉彼鲁兹伯爵和他

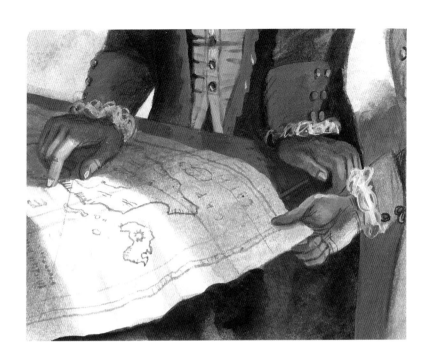

的手下，他们的船可能在那附近沉没了，但他无法确定。

这两个商人提供的情报相当不准确，那个英国船长究竟看到了什么？以及他在什么情况下看到了拉彼鲁兹伯爵？尽管信息相当含糊不清，但昂特勒卡斯托还是决定不在纽荷兰停靠，直接去阿德默勒尔蒂群岛。

他向我吐露："也许拉彼鲁兹伯爵和他的人还在那里，在海岸上绝望地等待迟来的救援？"他沉思着，凝视着海平线上一个看不见的点。

海面被强风吹得波涛汹涌，我们的船也遭到了严重的海损。1792年4月21日，我们终于到达了范迪门之地，大家都筋疲力尽，我们靠岸后发现这里并没有被记录在地图上，于是我们把这个海湾命名为寻湾。在那里，我们非常高兴地发现了一种不为人知的灌木，还有一些树，我们给它们起了不同的名字；我们还看到了繁盛得惊人的灌木丛和各种动物，我们还采集了岩石的样本。

5月28日，我们动身前往新喀里多尼亚群岛；6月底，我们驶向所罗门群岛，然后驶向阿德默勒尔蒂群岛；7月26日，我们看到了第一批目标岛屿。昂特勒卡斯托开始探索那些他认为是拉彼鲁兹伯爵和他的手下最后待过的岛屿。但是，考虑到这片群岛还有那么多岛屿，我们不得不面对现实：我们找到英国船长提到的那座岛屿的几率实属渺茫。

我对昂特勒卡斯托说："也许船长弄错了？"我越来越怀疑是否能在拉彼鲁兹伯爵失踪四年多后找到还活着的他。

"希望上天保佑，希望你说的不要成真。"他咳嗽着回答道。

然而，尽管两艘舰队的船员都进行了搜索，我们还

是没有发现拉彼鲁兹伯爵的踪迹。更糟的是，没有任何迹象表明沉船的幸存者能够在这些岛屿中找到避难所。我们在经过的所有地方都没有看到任何欧洲人存在的迹象。我们一无所获，重新上路，大家都心情沉重，宝贵的时间也浪费了。

回到航线后，1793 年 4 月，我们在新喀里多尼亚群岛的东海岸停泊。那里也找不到失踪人员的踪迹，我们在那里待了几个星期，努力和当地居民交好。5 月 6 日，我们痛苦地失去了霍恩·德·克马德克，他在去世前遭受了巨大的苦痛。大家都很沮丧，身体也异常疲惫，但决定还是要继续前往所罗门群岛，努力完成使命。这条航线夺去了好几名船员的命，他们死于坏血病或**痢疾**。

痢疾： 引起剧烈胃痛和腹泻的肠道感染。

但不幸的是，他们的死亡并不是这次远征最后的坏消息……

7 月 9 日，面对越来越多生病的船员，昂特勒卡斯托深信再也找不到拉彼鲁兹伯爵了，他决定停止搜寻，前往爪哇。但是，对他这样一个受到如此严重打击的人来说，这个决定来得太迟了，7 月 20 日晚上，他在可怕的痛苦中过世。随着他的去世，我们的使命也画上了终点。

在我们远航的这段时间里，革命动乱在欧洲部分地区肆虐，所以我们一到爪哇就被荷兰人关押了。那么多有收藏价值的藏品被没收并送往伦敦。经过无休止的谈判，我们终于可以回到欧洲了。我直到1796年才回到巴黎，在植物学家约瑟夫·班克斯（他曾是库克船长出海的随行科学家）的帮助下，找回了我们珍贵的藏品。

拉彼鲁兹 这位探险家被当作失踪旅行者的象征，人们对他的行踪提出了很多离奇的猜测。他的探索之旅是历史上最大的谜团之一，其面纱直到两个多世纪以后才被揭开。

迪蒙·迪维尔受到蒂蔻皮亚岛首领的接待（他在那里发现了属于拉彼鲁兹远征队的物品。）

迪蒙·迪维尔

他是一名经验丰富、精通自然科学的航海者，他在1826年至1828年间考察了新几内亚和所罗门群岛之间的地区。根据英国人彼得·狄龙提供的信息，他在瓦尼科罗发现了拉彼鲁兹探险队的遗迹。

拉彼鲁兹伯爵

"法国国王收到的关于罗盘号和星盘号的最后消息定格在1788年2月25日……拉彼鲁兹已经失踪三年多了。"

启蒙人物

拉彼鲁兹为了解北太平洋的地理和人口做出了重要贡献。他忠于启蒙运动的精神，拒绝以法国国王的名义占领夏威夷群岛，给原住居民自由的权利。

残骸上发现的大
瓷器餐盘

面调查

99 年，瓦尼科
任务小组进行
空掘工作，确定
拉彼鲁兹和沉
幸存者曾暂时
住的"法国营
的位置。

底调查

过海底调查，人
发现了许多遗
也确定了星盘
阁浅的准确位
这为理解这艘
是如何沉没提
了必要的信息。

瓦尼科罗是一片基本与世隔绝的陆地，属于所罗门群岛。

加利波德和他的团队成功地发现了法国人的营地。

1999 年在星盘号残骸上发现的测量仪器

在非洲的中心

西非，1795 年—1796 年，**蒙戈·帕克**

    非洲协会于 1794 年给我下达了两个命令：从河口到源头探查尼日尔河，描述当地百姓的风俗习惯；前往撒哈拉沙漠的中心廷巴克图市，核实其奢华富足之城的名声是否名副其实。当时我二十三岁，刚从印度回来。我对非洲的了解还只限于地图，但年轻的我毫不怀疑，我定能出色地完成使命。

    "要小心，帕克先生，"班克斯在我离开前紧紧地搂着我说，"曾经去探索这些地区的**丹尼尔·霍顿**就神秘失踪了，我不希望同样的命运发生在你身上。我把你托付给**约翰·莱德利**，他的帮助对你来说是一笔宝贵的财富。"

    我与班克斯道别，并向他表示衷心的感谢。几天后，也就是 1795 年 5 月

蒙戈·帕克： 18 世纪下半叶苏格兰探险家。

非洲协会： 法国王室地理学会的前身。

丹尼尔·霍顿： 18 世纪英国探险家，1791 年在探索卡尔塔时失踪。

约翰·莱德利： 长期定居在非洲的英国商人。

22 日，我乘奋斗号离开朴茨茅斯前往非洲，我们将在非洲买蜂蜡和象牙。

1795 年 6 月 21 日到达**吉利夫里**以后，我们沿着冈比亚河走到内陆，在那里遇到了一些非洲居民，然后我们继续朝着河流上游走。几天后，我到达了商业城市扬卡坎达，在那里我遇到了约翰·莱德利，他的生意需要他长期待在这边，他建议我加入商队，而在商队来之前，我可以在这边留宿。我接受了这个建议，在等待的过程中，我学习了一些**曼丁哥语**，悉心观察了当地的风俗习惯，并进行了几次植物探索之旅，对即将要和商队一起经过的国家情况进行了大致了解。我也看到了月食，品尝了著名的蒸粗麦粉。

吉利夫里：冈比亚河口的一座小镇。

曼丁哥语：当时西非的主要语言。

一直都等不到商队来，我决定出发了。莱德利把我托付给他的两个仆人——约翰逊和登巴。约翰逊会说英语和曼丁哥语，莱德利建议我向登巴借一匹马和两头驴，这样我们的旅程和货物运输更便利。我们沿着冈比亚河一直走到沙漠。继续向东走，在近三个月的时间里，我们遇到了好几个有不同习俗的种族。我遇到了乌利国王，给了他三支烟。然后是邦杜国王阿尔玛米，他的妻子们

对我苍白的肤色和长鼻子感到惊讶。在卡贾加王国，我们被要求支付超高的过路费。1796 年 1 月 15 日，我觐见了卡森国王登巴·塞哥·贾拉，他警告我们卡森与卡贾加之间的战争即将打响。据他说，这场战争还会波及我将要前往的**卡尔塔**王国。趁战争还没有爆发，我们赶快离开了这个地方。

卡尔塔： 位于尼日尔和塞内加尔之间的王国。

　　1796 年 2 月 9 日，我们到达了卡尔塔的沙质平原。在那里，国王黛西·库拉巴特里给了我们最热情的接待。当我告诉他我打算去塞古城时，他也警告我小心一触即发的战争：

"我不建议你们继续旅行，因为我们很快就会和**巴姆巴拉人**开战。"

走到这儿，我也没法折返了。在和同伴们商量之后，我决定从北方绕道去塞古，以免遇到巴姆巴拉人的部落。就这样，我们就进入了**摩尔人**的鲁达马尔王国。谁知道，我们在那里遭受到了极大的痛苦！

惯于谈判的非洲人达曼·朱马从鲁达马尔的统治者阿里那儿，为我和我的人马争取到了穿越领土的权利。2 月 26 日，阿里的一个奴隶来告诉我，他的主人让他负责把我们从贾拉安全送到贡巴。但无论我走到哪里，

巴姆巴拉人：农夫。

摩尔人：西非伊斯兰教徒的名字。

异教徒：穆斯林对非穆斯林的称呼。

我都被当作一个**异教徒**，遭受众人仇恨的目光。在迪纳，我没能逃过挑衅、侮辱和殴打，之后还被剥光衣服、打翻在地。

约翰逊求我："我们必须离开，回到贾拉！"

我回答道："我们要前往塞古，绝不能在离目标这么近的时候回头！"

尽管我用了各种办法，也依旧无法说服他同意与我继续接下来的冒险。于是，我在半夜一个人离开了，不久便与我忠实的随从登巴会合，让其他人折回。我对他

们做了什么呀！在穿越了一个多沙的国家，发现了几处废弃的棚屋以后，我们在萨米停下来休息。半夜的时候，阿里派出的骑兵包围了村庄和我们的小屋，表示他们奉命要将我们带到主人的营地。

其中一名骑兵严肃地说："我们不会对您造成任何伤害。但是如果您反抗，我们将不得不使用暴力！"

别无选择，我们只能跟着他们来到了阿里的住所贝诺，此时已经是 3 月 12 日，我们被酷热和漫长的旅途折磨得筋疲力尽。

他们保证不会虐待我们。但我一生中从未遭受过如此大的羞辱。这些残忍的刽子手把我扔进监牢，一个用水泥筑起来的围栏，围栏内还有一头野猪。我不太明白监牢看守们到底在说什么，但是他们的行为举止毫无疑问地告诉我，他们正把我当作动物来看待。每当他们离开时，都会向我挥动他们的刀，笑着做出要挖出我的眼睛或斩断我右手的样子，我可是靠着这只右手来进行祷告的呀。每一个日日夜夜，我都在担心他们会执行处决计划，如果不是法蒂玛女王，他们肯定已经把我杀了。法蒂玛女王是北部一个摩尔王国的统治者，她强烈表达了想与我这位基督徒见面的愿望。

我借此机会逃脱了这些刽子手。我不知道是我眼中的忧伤还是我所受的教育起了作用，法蒂玛一直让我待在她身边。我仍然是摩尔人的囚徒，但现在享受女王的保护。在这种新的囚禁和恩宠并存的状态下，我学习了阿拉伯人的语言和文化。

1796 年 6 月，新的部落冲突一触即发，王廷陷入一片混乱。人们几乎不再关心我，而且我可以在法蒂玛的宫殿中随意进出，所以我设法逃脱了守卫的监视，逃到了沙漠里。我十分高兴能成功逃出来。但是我出来得太匆忙，没带食物和水，这使我的热情迅速减弱。但是在去塞古的路上一群卡尔塔的居民接待了我，一些勇敢的女人出于怜悯给了我水。如果没有他们，我可能早就死了。

1796 年 7 月中旬，泥沼和成群的蚊子表明尼日尔（当地人称为**乔利巴**）应该很近了。20 日，它终于出现在了地平线的尽头，这就是让我穿越整个大陆的理由，我欣喜若狂。广阔的尼日尔河就在我眼前。它与**威斯敏斯特**以西的**泰晤士河**一样宽，平和地流向东方，河面洒满了阳光。雄伟壮丽的城市塞古在其雄伟的河道两旁

乔利巴：尼日尔河的众多名称之一。

威斯敏斯特：英国伦敦最古老的街区之一。

泰晤士河：英格兰最长的河。

延伸。塞古被分为四个区域，每个区域都有围墙保护，其居民在各个方面都很活跃，为巴姆巴拉人和摩尔人提供了一个和谐相处的典范。

我迫不及待地想过河去见穆松国王。唉，不幸的是，他派一个信使告诉我，他现在没法接待我，我得在附近的一个村子里听候他的安排。我听从了命令。但是当我到达这个村子的时候，我敲遍了所有的门，却没一户人家愿意接待我。我不得已朝一棵树走过去，想要在树下过夜。就在这时，我向一位女士致以问候，她愿意向我提供接待。饭后，女主人和屋子里的其他妇女一起回来了，她们为我献了一首歌，这对远在他乡、远离祖国的白人来说是一首无比美妙的哀歌。我感动至极，脱下外套，这是我剩下的仅有的值点钱的东西。我把外套上的四个铜纽扣送给她们以示感谢。

后来，国王派使者来见我。他很快就让我确认了我从一开始就怀疑的事。

"国王不能接见你，但他已命令我为你提供向导，助你到杰内。"

"杰内！摩尔人那里！那个让我经历了一生中最糟糕时刻的地方，这位国王为我提供的帮助就是让我回到那里！你告诉你的主人，我感谢他的好意，但我要去桑桑丁。"

此外，我还获悉摩尔人已控制了河道的下游。四面为敌，为了避免重新落入他们的手中，我下定决心要返回，回到我的家乡苏格兰。

瓦斯科·达·伽马 在 15 世纪末，达·伽马就已经环绕过非洲，但直到 18 世纪，非洲仅有几处设了商行的海岸经常被光顾，大部分地区仍然不为人知。人们对非洲的真正探索始于 18 世纪末，并持续了整个 19 世纪。

戴着金耳环的富拉尼女人

非洲的财富

非洲拥有丰富的自然资源，例如黄金。英国人和法国人没能像西班牙人和葡萄牙人那样在美洲攫取大量利润，于是非洲的资源大大激起了他们的贪婪之心。

代表葡萄牙人的面具

"我对非洲的了解还只限于地图，但年轻的我毫不怀疑，我定能出色地完成使命。"

文化的碰撞

这个代表葡萄牙人的面具见证了欧洲人在非洲的存在，以及他们对非洲人艺术上的影响。

非洲的欧洲人

葡萄牙人是首先在非洲海岸定居并于 16 世纪开设商行的人。17 世纪，荷兰人加入了他们的队伍。18 世纪，轮到英国人和法国人征服非洲大陆了，他们将逐步建立殖民帝国。

非洲犀牛

塞内加尔的村庄

塞内加尔上层社会的妇女

探险家

18世纪末，欧洲旅行者（如苏格兰的布鲁斯或法国人弗朗索瓦·勒瓦兰特）开始深入非洲大陆内部进行探险。此后，整个欧洲的好奇者、文人和科学家发现了一个具有不同风俗和信仰的种族混合体，一个拥有迥异的动植物和美轮美奂风景的异域。

王国

与欧洲人长期以来的想象相反，非洲不仅有野蛮的部落，还有像阿波美和阿散蒂这样的王国，直到19世纪我们才意识到这些王国的重要性。

马里杰内的骑士

从美洲归来

美洲，1799 年—1804 年，**亚历山大·冯·洪堡**

"旅行过的人懂得**尤利西斯**的幸福，**抢到金羊皮的人**也懂得其中的乐趣，然后他回到故乡，满怀知识和经验，和父母一起共享天伦。"

当我们靠近法国海岸，距波尔多只有几英里时，我所记起的是诗人**若阿香·杜·贝莱**的诗句。我没有父母，只剩下一个兄弟，他对我太重要了！与伊阿宋不同，我没有抢到过金羊皮。但就像尤利西斯一样，我经历了一次难忘的旅行。

"今天几号？"**邦普兰**声音颤抖着问我。

"8 月 3 日，"我自豪地回答，"1804 年 8 月 3 日。"

亚历山大·冯·洪堡：18 世纪下半叶至 19 世纪德国博物学家和旅行家。

尤利西斯：荷马笔下《奥德赛》和《伊利亚特》的古希腊英雄。

抢到金羊皮的人：古希腊英雄伊阿宋，必须获得金羊皮来复兴自己的王国。

若阿香·杜·贝莱：16 世纪法国诗人，主要作品有《悔恨集》。

邦普兰：18 世纪下半叶至 19 世纪法国植物学家，发现了数百种从前未知的植物。

"五年了，已经第五年了。"他眼含泪水地说道。

的确，我们的美洲之行居然长达五年之久。1799年6月5日，我们从西班牙拉科鲁尼亚出发，登上即将开往**印第安**的船。船上载有我们的行李和工具、德意志国王查理四世签发的能让我们自由穿越西班牙殖民地的通行证，国王还给我们提供了不少建议。我们满怀热情，渴望探索，然后在**库马纳**登陆了。我坚信新世界处处都是财富。但是我完全没料到我们的运气如此之好，

印第安：这是克里斯托弗·哥伦布给新世界取的名字，但实际上是美洲。

库马纳：西班牙人在美洲大陆建立的第一个城市（现在的委内瑞拉）。

竟能发现如此多的财富。我们都还没有来得及丈量走了多少行程！还有很多路径我们都没有来得及开拓！从太平洋到加勒比海的潟湖有多少条小溪与河流我们没有航行！要穿越**三个美洲**总计要一万五千多公里。这样的长途跋涉有时令人筋疲力尽……当我们步行在碎石遍布的路上，走在奥里诺科盆地或安第斯山脉时，多少次差点摔断了骨头！有多少次我们差点发烧染病！有多少次我们都激动得快疯了，因为我们亲眼看到这个世界上最神圣、最奇妙的地区中最不同寻常的

三个美洲：是指北美、南美和周围各岛的总合。

的植物、动物和别的生物！对于旅行者和探险家来说，美洲有舒适的热带夜晚、树木茂密和花朵繁盛芬芳的森林、不计其数的河流和巨大的山脉，只有当人们弯腰试图欣赏威严的安第斯山脉时才勉强能看到它冰冷的峰顶。

1800 年 2 月，在长途跋涉的途中，我们决定在**加拉加斯**停留两个月。我们朝着内陆方向前进，穿过了之前从未被探索过的**洛斯亚诺斯**大平原和奥里诺科的森林，目的是想要确认奥里诺科盆地和亚马孙盆地的连通路线。

加拉加斯： 现在委内瑞拉的首都。

洛斯亚诺斯： 奥里诺科盆地大平原的名字。

我和邦普兰带上几个人在奥里诺科停留了九十二天。在这期间，我们努力辨识这个地区的动植物，有时也轮番与一些动物斗争，比如希望在我们的身体上饱餐一顿的蚂蚁、使我们无法入睡的可怕蚊子、试图钻入我们皮肤的寄生虫，还有凯门鳄和加勒比鱼！尽管有这些恼人的动物和季节性降雨，但在这五年中我居然没有生过一次病……邦普兰就没这么幸运了，他没有我的体魄强健。他不止一次遭遇了严重的叮咬和发烧，但他从未因此停止协助我进行观察、测量和采集动植物标本。

在古巴岛待了三个月后，我们再次出发去大陆进行探索。我们沿着拉孔达明的足迹来到了**波哥大**和**利马**，开始进一步的观察、测量和收集。我们非常幸运，沿途观察到印加帝国的遗址，在被殖民之前，它可能是地球上最先进的未知文明之一。经过八百公里的安第斯山脉徒步旅行后，我们在圣达菲停了两个月，以便照料邦普兰，让他恢复体力，疟疾已经把他折磨得身衰力竭了。之后我们重新上路，在**基多**待了六个月之后，在攀登火山的过程中我们感到一次比一次严重的眩晕。要知道皮钦查火山最高有四千七百九十四米！钦博拉索山最高则达到六千二百六十七米！海拔的提升给我们带来了很多麻烦！嘴唇流血，患上疾病，恶心作呕。但当我们登上山顶，俯瞰安第斯山脉时，这些痛苦很快就被抛到脑后了。

我们乘船重返了阿卡普尔科、塔斯科、巴利亚多利德，还有墨西哥的银矿。这几个地方可是**新西班牙**的荣耀与瑰宝！啊，墨西哥！如果我们在新西班牙的旅行犹如白日梦，那么我们在墨西哥的发现就是真正的魔法。1804 年 3 月，

波哥大：哥伦比亚现在的首都。

利马：秘鲁现在的首都。

基多：厄瓜多尔现在的首都。

新西班牙：西班牙管理北美洲菲律宾殖民地的总督辖地。

我们乘船去古巴的时候心里充满眷念，但是在巴哈马群岛上遭遇了毁灭性的飓风之后，我们不得不先去往**费城**。这个地方最初本来是被迫落脚点，但我们因此发现了美国：这个最珍惜、最崇敬自由的国家之一。

在这里，忠实的邦普兰也一直陪着我，我受到了热烈而隆重的欢迎。我无论走到哪里都受得尊敬和颂扬。就连**杰斐逊**总统也在蒙蒂塞洛的家中亲自接待了我。

费城：宾夕法尼亚州的主要城市，1790 年至 1800 年间是美国的首都。

杰斐逊：美国宪法最主要的创立者之一，1801 年至 1809 年间担任美国总统。

"跟我说说您的旅行和发现，"他对我说，"据说您探索了整个大陆，获取了关于这片大陆的全部知识，比最有学识的美国人知道的还要多！"

他的话感动了我。我首先与他谈论路易斯安那州，然后聊到新西班牙的情况，接着说起另一个主题，然后再探讨下一个主题……我也从这位伟大的共和党人那里学到了很多东西，他的生活方式更像是哲学家而不像是行政官员。

如果我们之后没有目睹他们的交易和习俗，在美洲度过的几个月将是我们这些年最开心的时光：我是指奴隶制。奴隶所生活的环境引起了我对奴隶制的巨大恐惧，比我刚离开欧洲时的恐惧还要严重。那种虐待是对整个人类的侮辱。那些试图为奴隶贩运辩护的人都只是骗子；奴隶们被迫背井离乡，遭受痛苦、贫困、惩罚，奴隶制可能是人类所知的最邪恶的事。

不论奴隶身份如何，他们仍然被迫受到不人道的待遇。奴隶制已将数十万非洲人从其家园连根拔起，让他们与亲人分离。在将他们运送到美国的途中，死亡的人不计其数。而这一切真正带来的收益远低于预期！因此，迫切需要结束这一制度。欧洲各国政府已经站在反对奴隶制的立场。然而，只有欧洲的这些殖民地也遵守反对奴隶制的法律，奴隶的命运才会被改变。我们必须以人类的名义，在为时已晚之前，在局势无法控制之前，采取行动。要带领奴隶走向自由，需要地方当局的强烈意愿和富裕开明公民的支持。如果不这样做，奴隶制将继续存在，并继续束缚奴隶，阻碍文明的进步。

奴隶制这个问题激怒了许多美国的慈善家。在欧洲，我们也必须与之斗争并尽早做出决断。

波尔多到了。我们的旅程也结束了。

"看，远处是波尔多！"邦普兰得意洋洋地喊道。

在远处，我们可以看到一片陆地和一些建筑物的标志。很快，我们将踏上法国的领土，在从四面八方穿越美洲之后，我渴望能够完成我的植物标本集，我迫不急待地想向同胞们传达我所有的发现和观察结果。与此同时，我已经在考虑再次出发了……

探索之旅 在 18 世纪进行的探索旅行，驳斥了南半球大陆存在的假说，人们重新绘制了全球地图。但在以前被忽略的地域或海域中，人们重新深入探索，非洲内陆、西伯利亚和南半球海域群岛，他们发现这些地方的物种丰富性和多样性是闻所未闻的。

知识的进步
我们对现存世界的更好了解都归功于博物学家和植物学家。

洪堡画里的猴子

"很快，我们将踏上法国的领土……我迫不及待地想向同胞们传达我所有的发现和观察结果。"

科学的方法
对新土地、新种群和新物种的发现见证着科学方法的显著进步。科学家不断努力建立新的分类方法，然后对科学发现进行整理。

瑞典博物学家卡尔·冯·林奈的植物分类

洪堡和邦普兰的植物标本集

洪堡的绘图（表示植被分层）

洪堡

作为一名全科学者，他攀登了厄瓜多尔、墨西哥和秘鲁的几座最高峰，在进行地质调查的同时，也考证了他对植物区系变化的假设。

洪堡绘图中的巴西鸟类

时代的终结

洪堡和邦普兰在 18 世纪末 19 世纪初进行的美洲之旅标志着启蒙时期重要科学之旅的结束。如果说 18 世纪是探索和发现的时代，那么 19 世纪就是殖民化的世纪。

旅行总结

故事来源

　　这些故事主要源自旅行者本人的叙述。他们在旅途中记录下一些片段，返回后再完成写作，例如，拉孔达明的《亚马孙之旅》、沙佩·达奥特罗什神父于 1761 年完成的《西伯利亚之旅》、布干维尔的《环球航行》和库克的《环游世界记叙》。其他故事几乎全是探

威廉·埃利斯的水彩画

险家们返回以后写的，比如拉巴特神父的《美洲小岛之旅》，蒙戈·帕克的《非洲内部的旅行与发现》，洪堡《美洲春分游记》中的很大一部分，还有拉彼鲁兹的《在星盘号和罗盘号上环游世界》；拉彼鲁兹的故事是在航海家失踪五年后，根据他的笔记和他与米莱·米罗准将来往的信件而编撰的。

　　通常情况下，这些书籍的插图都是探险队中的画家完成的素描或草图，书籍在当时出版后获得了巨大的成功。

插图故事

画家们在探险过程中画下了人类种族、动物、植物的插画，这些画对探险书籍大受欢迎起到了重要作用，比如说陪同库克进行第三次旅行的威廉·埃利斯所做的插图。

旅行小说

　　旅行小说在 18 世纪非常流行，尤其是在沙龙中，旅行小说深受学者和文人的青睐。航行故事、航海日志中对新景观、新民族、未知动植

物的描绘，对当时的文人产生了重要影响。

这些故事还引起了哲学家们的兴趣，他们在其中找到了值得思考的素材。比如狄德罗的《布干维尔之旅补编》，卢梭的《论人类不平等的起源和基础》，伏尔泰的《风俗论》。这种影响并没有局限在 18 世纪的作家身上，而是一直延续到了 19 世纪，体现在冒险小说上，比如罗伯特·路易斯·史蒂文森的《金银岛》，儒勒·凡尔纳的《神秘岛》《海底两万里》，埃德加·爱伦·坡的《南塔克特的亚瑟·戈登·皮姆的自述》。

有争议的旅行故事

旅行故事有时是具有争论性的，布干维尔的《环球航行》尤为如此。狄德罗在《布干维尔之旅补编》中，对这本书存在的欧洲偏见提出了强烈的批评。

作者的创作思路

这些旅行故事的作者通常巧妙地把冒险和科考结合在一起。为了把这些故事建立起联系，我们选择 18 世纪的几位具有代表性的探索者，以确保探险故事覆盖全球所有地理区域。

由于命运的独特性，我们赋予库克和拉彼鲁兹更重要的位置。所以，我们插入了激动人心的航行路线图，这些路线图对后来地球某些地区的知识更新做出了不可否认的贡献，例如让·弗朗索瓦·雷纳德探索了拉普兰，弗朗索瓦·勒瓦兰特探索了今天的南非内部。我们希望能让读者也对冒险和探索产生兴趣，沿着其他旅行者的足迹继续出发……

丹尼斯·狄德罗
（1713 年—1784 年）

图片来源

10 左：马提尼克的黑人奴隶，法属印度群岛，勒默叙里耶，海外省秘书处，巴黎©AKG 图片公司
右：加勒比男人，查尔斯·普卢米尔，1688 年，法国国家图书馆，巴黎©AKG 图片公司

11 上：对安的列斯群岛植物、动物和鱼类、植物园生产的描述，勒克莱尔©法国国家图书馆，巴黎
下：防御工事和大炮，圣基茨©伽马/罗西
右下：加勒比女人，查尔斯·普卢米尔，1688 年，法国国家图书馆，巴黎©AKG 图片公司

22 左上：拉孔达明，路易·卡罗日·卡蒙泰勒，1760 年，尚蒂伊，孔蒂博物馆©法国国家博物馆联合会，R.G，奥赫达
左下：亚马孙鹦鹉，约翰·雅各布·瓦尔特，1639 年至 1657 年，艾伯丁图书馆，维也纳©AKG 图像
右下：量角器，伦内尔，1781 年，拉彼鲁兹博物馆，阿尔比©艺术档案馆，达利·奥厄利

23 左：装标本的盒子，选自《拉彼鲁兹的远征》，迪谢·德·凡希，马萨林，巴黎©布里奇曼艺术图书馆/吉罗东
右下：背着吊床的水手，G·布雷，1775 年©国家航海博物馆，伦敦

34 左上：涅夫斯基展望，圣彼得堡，费奥多尔·瓦西里耶夫，19 世纪，普希金博物馆，莫斯科©布里奇曼艺术图书馆/吉罗东
右：在西伯利亚狩猎，1700 年©AKG 图片公司

35 上：伏尔泰在若弗兰夫人的沙龙中，1755 年，勒莫尼耶，科学与文学院，鲁昂©布里奇曼艺术图书馆/吉罗东
右下：伏尔泰与普鲁士的腓特烈二世，18 世纪，图拉美术馆，俄罗斯

46 右：大溪地舞者，选自《库克的旅行》，1816 年，米兰©格罗布/卡宾，塔帕布图片通讯社
右：印度尼西亚某村庄的居民，选自《木版画中的大洋洲》，爱德华·韦罗，1832 年，布朗利河岸博物馆，巴黎©吉恩·维格尼
右：大溪地岛的视野，1768 年，布干维尔，选自《在爱之岛大溪地》，法国国家图书馆，地图，巴黎，伽利玛出版社档案集

47 上：布干维尔，18 世纪©科比斯图库/格斯滕贝格
下：大溪地之王，格拉塞·德·圣索沃尔，1796 年，装饰艺术博物馆，巴黎©勒马格摄影社/塞尔瓦

58 左下：新西兰的文身男人，选自《库克的旅行》，帕金森，大英图书馆，伦敦©艺术档案馆/大英图书馆
中：相互挑衅的新西兰人，选自《木版画中的大洋洲》，爱德华·韦罗，1832 年，布朗利河岸博物馆，巴黎©吉恩·维格尼
右下：文身工具，布朗利河岸博物馆，巴黎©法国国家博物馆联合会，R.G，奥赫达

59 上：对抗中的独木舟，大溪地岛，威廉·霍奇斯©宇宙/视角
中：詹姆斯·库克船长，约瑟夫·班克斯爵士，约翰·孟塔古伯爵，丹尼·索兰德医生，约翰·霍奇斯沃斯医生，1771 年，约翰·摩提默，堪培拉国家图书馆©布里奇曼艺术图书馆/吉罗东
右下：夏威夷的战神，夏威夷，SMPK，柏林©法国国家博物馆联合会，科技信息局/金融管制局，柏林

68 右上：库克船长之死，1795 年，约翰·佐法尼©国家航

海博物馆，伦敦

左：复活节岛上的男男女女，格拉塞·德·圣索沃尔，选自《探索百科》，1810年，转世艺术博物馆，巴黎ⓒ布里奇曼艺术图书馆 / 吉罗东 / 沙尔梅

69：复活节岛上以整块石头组成的雕塑，阿纳凯纳海滩ⓒ布里奇曼艺术图书馆 / 吉罗东 / 肯·韦尔什

80 左：沙袋鼠，选自《忒提斯岛和好望角的航行日志》，1837年，大英图书馆，伦敦ⓒ勒玛格 / 海锐塔图片公司；
右下：四国学院，1787年
中：路易十六对拉彼鲁兹船长进行指示，1817年，尼古拉·安德烈·蒙肖，凡尔赛和特里亚农宫，凡尔赛ⓒ法国国家博物馆联合会 / 布洛

81 上：香蕉花和毛毛虫，西碧拉·梅里安，1705年，大英图书馆，伦敦ⓒ勒玛格 / 海锐塔图片公司

下：瓦尼科罗岛上的舞蹈ⓒ宇宙 / 迈特尔

90 左：蒂蔻皮亚岛首领接待星盘号舰队，选自《星盘号舰队的航行》，维克多·亚当，1833年，堪培拉国家图书馆ⓒ布里奇曼艺术图书馆 / 吉罗东
下：拉彼鲁兹伯爵让-弗朗索瓦·德·加洛ⓒ杰拉德·梅尔梅

91 左上：中国盘子ⓒ杰拉德·梅尔梅
右上：瓦尼科罗岛ⓒ杰拉德·梅尔梅
中：在法国营地的让·克里斯朵夫·加利波ⓒ杰拉德·梅尔梅
下：测角器ⓒ杰拉德·梅尔梅

102 左：代表葡萄牙人的面具，青铜制品，17世纪或18世纪，布朗利河岸博物馆，巴黎ⓒ法国国家博物馆联合会 / 拉巴特特 / 非洲和海外品牌分销公司
右上：戴着金耳环的富拉尼女人，杰内，马里ⓒ弗托罗斯托图

片社 / 富贝尔

103 上：非洲的犀牛，选自《自然史》布封，自然历史博物馆，巴黎ⓒ国家自然历史博物馆 / 法耶
中：黑奴的住所，1682年，国家航海博物馆图书馆，巴黎ⓒ艺术档案馆，达利·奥厄利
下：塞内加尔圣路易岛上层社会的妇女，格拉塞·德·圣索沃尔，1796年，选自《航行百科》，装饰艺术博物馆，巴黎ⓒ布里奇曼艺术图书馆 / 吉罗东 / 沙尔梅
右下：骑士，杰内，马里，私人选集ⓒ布里奇曼艺术图书馆 / 吉罗东

114 左上：洪堡所画的猴子，选自《美洲春分游记》，1805年，ⓒ AKG 图片公司
左下：卡尔·冯·林奈的植物表，装饰艺术博物馆，巴黎ⓒ布里奇曼艺术图书馆 / 吉罗东 / 沙尔梅
右上：亚马孙的鸟，巴西，洪堡，斯台普顿，合集ⓒ布里奇曼

艺术图书馆 / 吉罗东
右下：洪堡和邦普兰的西番莲、植物图集，自然历史博物馆，巴黎ⓒ AKG 图片公司 / 杰拉德·梅尔梅

115 上：对安第斯山脉和邻国的地貌描述，洪堡和邦普兰，1810年 ⓒ AKG 图片公司

116：一条鱼，威廉·埃利斯，自然历史博物馆，伦敦ⓒ布里奇曼艺术图书馆 / 吉罗东

117：丹尼斯·狄德罗，1769年，让-奥诺雷·弗拉戈纳尔，罗浮宫，巴黎ⓒ布里奇曼艺术图书馆 / 吉罗东